高等教育BIM"十三五"规划教材

韩风毅　总主编

机电设计
BIM应用与实践

赵麒　马爽 | 主编

化学工业出版社

·北京·

《机电设计 BIM 应用与实践》共分为 10 章内容，主要介绍 BIM 在机电安装工程实践中的应用；BIM 机电安装简介；Revit 新项目的创建；供热给排水管道设计；通风及空调管道设计；消防工程设计；电气工程设计；碰撞检查和漫游制作；协同工作和出图等内容。希望通过学习本教材，读者能够具备 BIM 机电安装的建模能力；掌握协同工作的方法；了解漫游制作和出图设置的方法。

《机电设计 BIM 应用与实践》可以作为高等院校"BIM 机电安装"课程的教材，也可作为设计师、施工现场工程师、项目管理人员、物业管理人员的自学用书，还可用作社会培训机构教材。

图书在版编目（CIP）数据

机电设计 BIM 应用与实践/赵麒，马爽主编. —北京：
化学工业出版社，2018.9（2022.1 重印）
高等教育 BIM"十三五"规划教材
ISBN 978-7-122-32691-1

Ⅰ.①机…　Ⅱ.①赵…　②马…　Ⅲ.①机电设备-建筑设计-应用软件-高等学校-教材　Ⅳ.①TU85-39

中国版本图书馆 CIP 数据核字（2018）第 160018 号

责任编辑：满悦芝　石　磊　　　　　　　文字编辑：陈　喆
责任校对：王鹏飞　　　　　　　　　　　装帧设计：关　飞

出版发行：化学工业出版社（北京市东城区青年湖南街 13 号　邮政编码 100011）
印　　装：北京虎彩文化传播有限公司
787mm×1092mm　1/16　印张 12¼　字数 269 千字　2022 年 1 月北京第 1 版第 3 次印刷

购书咨询：010-64518888　　　售后服务：010-64518899
网　　址：http://www.cip.com.cn
凡购买本书，如有缺损质量问题，本社销售中心负责调换。

定　　价：38.00 元

"高等教育 BIM '十三五' 规划教材" 编委会

主　任　韩风毅

副主任（按姓氏笔画排序）

于春艳　王丽颖　李　伟　赵　麒　崔德芹　隋艳娥

编　委（按姓氏笔画排序）

马　爽　王文汐　王本刚　王德君　田宝权　曲向儒

伏　玉　刘　扬　刘　颖　刘广杰　刘玉杰　齐　际

安　雪　纪　花　李　飞　李一婷　李国斌　李胜楠

李继刚　李智永　杨宇杰　杨珊珊　邱　宇　张佳怡

张树理　张洪军　陈　光　陈春苗　邵文明　武　琳

尚伶燕　周　诣　周学蕾　赵允坤　赵永坤　赵庆明

胡　聪　胡金红　南锦顺　施　维　袁志仁　耿　玮

徐慧敏　崔艳鹏　韩英爱　富　源　满　羿　綦　健

丛书序

2015 年 6 月，住房和城乡建设部印发《关于推进建筑信息模型应用的指导意见》（以下简称《意见》），提出了发展目标：到 2020 年年底，建筑行业甲级勘察、设计单位以及特级、一级房屋建筑工程施工企业应掌握并实现 BIM 技术与企业管理系统和其他信息技术的一体化集成应用。在以国有资金投资为主的大中型建筑以及申报绿色建筑的公共建筑和绿色生态示范小区新立项项目勘察设计、施工、运营维护中，集成应用 BIM 的项目比例达到 90%。《意见》强调 BIM 的全过程应用，指出要聚焦于工程项目全生命期内的经济、社会和环境效益，在规划、勘察、设计、施工、运营维护全过程中普及和深化 BIM 应用，提高工程项目全生命期各参与方的工作质量和效率，并在此基础上，针对建设单位、勘察单位、规划和设计单位、施工企业和工程总承包企业以及运营维护单位的特点，分别提出 BIM 应用要点。要求有关单位和企业要根据实际需求制订 BIM 应用发展规划、分阶段目标和实施方案，研究覆盖 BIM 创建、更新、交换、应用和交付全过程的 BIM 应用流程与工作模式，通过科研合作、技术培训、人才引进等方式，推动相关人员掌握 BIM 应用技能，全面提升 BIM 应用能力。

本套教材按照学科专业应用规划了 6 个分册，分别是《BIM 建模基础》《建筑设计 BIM 应用与实践》《结构设计 BIM 应用与实践》《机电设计 BIM 应用与实践》《工程造价 BIM 应用与实践》《基于 BIM 的施工项目管理》。系列教材的编写满足了普通高等学校土木工程、地下城市空间、建筑学、城市规划、建筑环境与能源应用工程、建筑电气与智能化工程、给水排水科学与工程、工程造价和工程管理等专业教学需求，力求综合运用有关学科的基本理论和知识，以解决工程施工的实践问题。参加教材编写的院校有长春工程学院、吉林农业科技学院、辽宁建筑职业学院、吉林建筑大学城建学院。为响应教育部关于校企合作共同开发课程的精神，特别邀请吉林省城乡规划设计研究院、吉林土木风建筑工程设计有限公司、上海鲁班软件股份有限公司三家企业的高级工程师参与本套教材的编写工作，增加了 BIM 工程实用案例。当前，国内各大院校已经加大力度建设 BIM 实验室和实训基地，顺应了新形势下企业 BIM 技术应用以及对 BIM 人才的需求。希望本套教材能够帮助相关高校早日培养出大批更加适应社会经济发展的 BIM 专业人才，全面提升学校人才培养的核心竞争力。

在教材使用过程中，院校应根据自己学校的 BIM 发展策略确定课时，无统一要求，走出自己特色的 BIM 教育之路，让 BIM 教育融于专业课程建设中，进行跨学科跨专业联合培养人才，利用 BIM 提高学生协同设计能力，培养学生解决复杂工程能力，真正发挥 BIM 的优势，为社会经济发展服务。

韩风毅

2018 年 9 月于长春

建筑信息模型（building information model，BIM）是以建筑工程项目中各相关信息数据作为模型的基础建立建筑模型。BIM是对整个建筑设计的一次"预演"，建模的过程同时也是一次全面的"三维校审"过程。BIM通过参数模型整合各种项目的相关信息，在项目策划、建设、运营和维护的全生命周期过程中进行共享和传递，使工程技术人员对各种建筑信息做出正确理解和有效应对，在提高生产效率、节约成本和缩短工期方面发挥重要作用。

国家"十二五"期间就提出了要加快建筑信息模型（BIM）、基于网络的协同工作等新技术在工程中的应用，推动信息化标准建设，促进具有自主知识产权软件的产业化，形成一批信息技术应用达到国际先进水平的建筑企业；加快推广BIM、协同设计、虚拟现实、4D项目管理等技术在勘察设计、施工和工程项目管理中的应用，改进传统的生产管理模式，提升企业的生产效率和管理水平。

如果说CAD是建筑设计第一次革命的标志，那么BIM就是建筑设计第二次革命的基础。BIM技术将二维平面设计转变为三维模型设计，它不仅仅局限于设计领域，还包括软件设计、施工管理及进度安排等，同时在运营维护管理方面也存在着巨大的价值。BIM的3D参数化设计具有专业化的三维设计工具、实时的三维可视化功能、更先进的协同设计模式、由模型自动创建的施工详图及明细表、配套的分析及模拟设计工具等。BIM更充分应用到了建筑的全生命周期中。BIM不单单强调的是全生命周期中的某一个阶段，而是各个阶段的总和。BIM更加重视设计的高效性，让建筑设计的各专业在同一软件平台上进行协同设计，避免因为沟通不便产生的设计错误，大大缩短设计周期，提升设计效率。首先，同专业之间协同设计，同一个项目的设计任务分派给不同的设计人员，设计内容均同步到同一个服务器上，方便大家相互交流；其次，不同专业间的协同设计，可有效避免各系统在空间、功能上的影响，及时发现设计问题并沟通解决。

本书是指导机电（给排水、暖通、电气）专业学习Revit绘图的参考教材，书中主要介绍了Revit 2016在机电专业方面的绘图方法和协同设计方法，使读者能够借助本教材，使用Revit软件进行相关专业的设计操作。全书分为10章，第1章BIM机电概论，第2章创建新项目，第3章供热与给排水工程BIM设计与案例分析，第4章通风及空调工程BIM设计与案例分析，第5章消防工程BIM设计与案例分析，第6章电气工程BIM设计与案例分析，第7章碰撞检查，第8章Navisworks漫游制作，第9章协同工作，第10章出图与打印。

　　全书由赵麒、马爽担任主编。具体分工如下：第1、第9章由赵麒编写；第2、第3章由马爽、韩风毅编写；第4章由马爽、韩风毅、李国斌编写；第5、第7章由綦健编写；第6、第8章由刘颖编写；第10章由刘扬编写。在全书的编写过程中，长春工程学院丁红强、虎佳宁参与文字录入、图片整理和校稿等工作，在此表示感谢。

　　由于时间紧迫，再加我们水平有限，书中难免有不足之处，恳请读者批评指正。

编　者
2018年9月

目　录

第5章　消防工程 BIM 设计与案例分析 / 061

第6章　电气工程 BIM 设计与案例分析 / 071

第 7 章　碰撞检查 / 109

第1章
BIM机电概论

本章要点

BIM 简介

BIM 应用现状

Revit MEP 基本知识

BIM 机电与其他专业的协同

1.1 BIM 简介

建筑信息模型（building information model，BIM）是以建筑工程项目中各相关信息数据作为模型的基础建立出的建筑模型。Building SMART 通过三层含义对 BIM 进行了定义，一是信息化模型（model），二是模型创建（modeling），三是建筑项目管理（management）。它具有可视化、协调性、模拟性、优化性和可出图性五大特点。BIM 通过参数模型整合各种项目的相关信息，在项目策划、建设、运营和维护的全生命周期过程中进行共享和传递，使工程技术人员对各种建筑信息做出正确理解和有效应对，在提高生产效率、节约成本和缩短工期方面发挥重要作用。

Revit MEP 是一款能够按照用户的思维方式工作的智能设计工具。它通过数据驱动的系统建模和设计来优化建筑设备与管道（MEP）专业工程设计者。本章介绍 Revit MEP 的基本情况，阐述 Revit MEP 的基本知识，为深入学习后续章节奠定基础。

1.1.1 BIM 理念

基于三维数字技术的 BIM 技术，集成了建筑工程项目的所有信息内容的工程数据模型，通过数字化的方式表达工程项目功能特性与设施实体。建立健全的信息模型，可以对建筑项目各个时期的所有资源和数据等信息进行有效连接。通过该技术能够更加清晰完整地掌握工程的情况，普遍应用在项目的各个参与方。BIM 对构件性能、功能要求以及几何模型信息进行了整合，在一个模型中单独整合所有的项目周期，包括全部信息，如维护管理和施工进度等。BIM 已成为当前建设领域信息技术的研究和应用热点。假设将 CAD 技术的开发与应用认为是建筑工程设计的首次革命，那么 BIM 技术会是推动全领域发生第二次变革的关键动力。BIM 研究是为了从根本上完善应用系统同建筑项目规划、设计、施工、维护管理等环节之间的信息畅通和避免信息断层，从而实现对建筑工程全部环节的信息管理甚至整个建筑生命期的信息管理（BLM）。国际协同工作联盟（IAI）发表的 IFC 标准为 BIM 概念的发展成熟奠定了基础，为 BIM 实现提供了建筑产品数据交换和表达的准则。BIM 是贯穿建筑工程项目整个生命阶段的管理技术，不仅仅局限于工程设计，同时还应用于施工、维护运营管理阶段。

BIM 为设计者提供一个三维设计方式与接口，相当于在计算机里进行三维设计作业，在模型设计完成后，数量计算也就同时结束了。各种的建筑组件、材料等信息都在建立模型时已经定义明确，所以只要在模型内就可以看到详细的资料。除了设计作业以外，BIM 的主要功能是为各专业团队提供一起使用的建筑信息模型。

1.1.2 BIM 与模型

建筑信息模型的应用贯穿于项目全生命周期的各个阶段：设计、施工和运营管理。机电安装相关专业人员可在建筑和机构专业模型建立的基础上，进行建筑能耗模拟、声学分析、光学分析等；施工单位则可根据模型统计混凝土、钢筋等建材的需求量，按需下料避免浪费；开发商则可根据模型中的信息进行工程造价总预算、产品订货等。

(1) BIM 暖通模型

暖通模型的建立，目前常用的方法是利用 Revit 软件中 Mechanical 和 Plumbing 进行操作。需先用 CAD 创建二维图纸，然后将二维图纸文件链接进 Revit 软件中，同时还要把土建的参照模型也链接进来。在 Revit 中就有"链接 Revit"这一功能键，定位到原点，就可以保证两个链接进来的文件是一致的。

一个完整的空调 BIM 模型需要有：空调、空调风机盘管、风道、设备等。而且在设计的过程中要注意风道末端实现准确定位，风机的管道走向以及经过不同的区域连接处要变径。目前所使用的 Revit 软件，功能还不够完善，自带族不全，因此在进行管线碰撞的调节时，就需要更换不同类型的三通或弯头。而且把一些构件的参数进行修正，并修改连接方式和位置，从而达到好的预期效果。暖通设计中的水管的布置可以依据风管模型、接口位置确定下来。机械设备一般布置在机房，还要与风管连接，所以布置过程中要考虑检修空间和管线排布等问题。

利用 Revit 中的 Plumbing 与上面所述的方法一样，也是把二维的 CAD 图形定位，与土建模型链接，然后导入 Revit。为了区分不同的管道系统，就需要匹配过滤器。建筑物越复杂管道种类越多，比如：给水、排水、雨水、污水、消防等系统。对于给排水系统中的重力系统，就需要在管道的设计中有一定的坡度，方便水的流动。为了实现管线的协调布置，还需给电气等专业的管道预留空间。

与传统的设计方案相比，采用 BIM 建模的这种设计模式，就可以方便地对施工进行指导，基本对管件的位置都一目了然，因此不易出现返工现象。

(2) BIM 电气模型

应用 BIM 技术创建电气模型，利用的是 Revit 中的 Electrical。现代的电气系统设计包括强电和弱电两部分，因此在建模过程中也需要使用过滤器。强电系统的设计一般使用的是电缆桥架，弱电系统使用的是槽式桥架。电气系统在整个建筑中并不占用很多空间，安装电缆桥架路径很灵活，有时有一些尺寸大的桥架就会使安装空间拥挤，当采用 BIM 协同设计时，就可以提前综合考虑此问题，避免变更。

1.1.3 BIM 与软件

BIM 是一种技术理念与模式，利用 BIM 进行建筑设计和开发需要借助其他软件来实现 BIM 的各项功能。随着 BIM 技术的发展，许多软件厂商开发了很多基于 BIM 技术的软件。BIM 机电设计软件包括了三个专业的设计内容，即给排水设计、暖通空调设计、电气设计。对于机电模型的建立来说，其核心建模软件包括美国 Autodsek 的

Revit MEP、匈牙利 Graphisof 的 MEP Modeler 以及 Gehry Technologies 公司的 Digital Project MEP System Routing 等。截至目前，我国在 BIM 机电设计方面主要应用 Revit MEP 软件进行相关设计，并且像理正、鸿业等软件二次开发厂商已经开发出了基于 Revit MEP 软件的相关插件，方便国内设计师使用。此外，设计阶段的管线碰撞检查主要应用 Navisworks 软件或 Revit 自带的碰撞检查功能完成。其他类似的软件还有 Bentley 公司的 Bentley Navigator 及芬兰公司的 SMC（Solibri Model Checker）等。

1.2　BIM 应用现状

BIM 技术自 2002 年席卷欧美建筑行业后，逐步在国外发达国家推广并广泛应用，引发了前所未有的建筑技术变革。由于美国政府大力支持与推广，现今在美国已有 1/3 的企业在 60％以上项目使用 BIM 技术。在未来两年里，使用率预计会是现在的 3 倍。而在芬兰、挪威、德国等欧洲国家，应用 BIM 软件的普及率已经达到 60％～70％。BIM 在我国的现状与 20 多年前的 CAD 有类似的地方，正处在前期普及推广阶段。虽然我国引入 BIM 技术较西方国家晚一些，但近年来软件开发和技术应用发展迅速，许多企业积极响应国家政策，应用 BIM 技术，与国际接轨以获得竞争优势。

1.2.1　BIM 国外应用现状

BIM 在美国的应用已经比较成熟。各类大型建筑事务所、建筑公司等先后推出了符合自己条件的 BIM 标准。2009 年统计数据表明，美国建筑业前 300 强的企业中超过 80％在工程项目中使用 BIM 技术。BIM 应用始于美国，美国总务管理局（General Services Administration，GSA）于 2003 年推出了国家 3D-4D-BIM 计划，并陆续发布了系列 BIM 指南，其目的是实现技术转变，以提供更加高效、经济、安全、美观的建筑，同时促进和支持开放标准的应用。美国联邦机构美国陆军工程兵团（United States Army Corps of Engineers，USACE）在 2006 年制定并发布一份 15 年（2006～2020）的 BIM 应用路线图 "Building Information Modeling（BIM）A Roadmap for Implementation to Support MILCON Transformation and Civil Works Projects within USACE"。该组织于 2012 年发布了第二个 BIM 路线图 "The U. S. Army Corps of Engineers Roadmap for Life-Cycle Building Information Modeling（BIM）"，除了设置新的 BIM 应用目标以外，对 2006 年设置的 BIM 应用目标实际进展情况进行了评估和回顾。由此可见 BIM 在美国的研究应用还是比较广泛的。

1984 年，匈牙利 Graphisoft 公司推出了著名的 Archi CAD 软件，并提出了以 BIM 技术为核心的"虚拟建筑设计"理念，但是由于当时计算机技术的局限性，并未推广使用。随着计算机技术的不断进步，目前北欧一些国家，特别是建筑业信息技术的软件厂商所在地，诸如芬兰、挪威、瑞典和丹麦，是全球首批采用基于 BIM 模型设计的国家，在推动建筑信息技术的通用性和开放标准发展上发挥了重要作用。

在英国，政府要求在建筑项目中必须使用 BIM 技术。2011 年 5 月，英国内阁办公室发布了"政府建设战略（Government Construction Strategy）"文件，文件要求到 2016 年，政府实现全面协同的 3D·BIM，并将全部的文件进行信息化管理。到目前为止，英国建筑业 BIM 标准委员会已发布适用于 Revit〔Revit 是 Autodesk 公司专为建筑信息模型（BIM）构建的一套系列软件的名称，可帮助建筑设计师设计、建造和维护质量更好、能效更高的建筑〕的英国建筑业 BIM 标准〔AEC（UK）BIM Standard for Revit〕、适用于 Bentley 的英国建筑业 BIM 标准〔AEC（UK）BIM Standard for Bentley Product〕等多个标准。目前，标准委员会还在制定适用于 Archi CAD、Vectorworks 的类似 BIM 标准，以及已有标准的更新版本。在这样的背景下，BIM 在英国建筑业的发展速度比世界其他地方更快。

目前，BIM 在日本的研究已经推广扩展到全国范围，并上升到政府推广的层面。大量的日本设计公司、施工企业开始应用 BIM，日本建筑学会也于 2012 年 7 月发布了日本 BIM 指南，从 BIM 团队建设、BIM 数据处理、BIM 设计流程、BIM 造价应用、施工模拟等方面为 BIM 技术在日本的建筑企业应用提供指导。

1.2.2　BIM 国内应用现状

国内对 BIM 技术的研究和应用起步较晚，但是受到国外 BIM 研究和应用快速发展的影响，以及建筑行业信息化要求的提高，国家 BIM 科研方面投入不断增加，相关机构和部门都开始研究和应用 BIM 技术。在 2002 年，BIM 技术首次进入中国，如今，BIM 得到了广泛接受和认可，而 BIM 也在建筑行业掀起一股风暴。设计单位、施工单位等都着手成立关于 BIM 技术的研究机构。在我国"十二五"规划当中，明确提出把建筑信息模型纳入信息化研究课题当中，对其展开重点研究。目前，在国内，BIM 理念正逐步为建筑行业所认知与推进。在 2005 年，华南理工大学建筑学院创办了专业性的 BIM 实验室，并将 BIM 作为当年度最主要的课题以及研究方向。

2007 年 8 月，中华人民共和国住房和城乡建设部发布的"十一五"国家科技支撑计划重点项目"建筑业信息化关键技术研究与应用"课题申请指南中，将"基于 BIM 技术的下一代建筑工程应用软件研究"课题作为重点开展的 5 项研究与开发工作之一。国家"十二五"建筑信息化发展纲要也将 BIM 技术纳入发展规划中。要求在"十二五"期间基本实现建筑企业信息系统的普及应用，加快建筑信息模型（BIM）、基于网络的协同工作等新技术在工程中的应用，推动信息化标准建设，促进具有自主知识产权软件的产业化，形成一批信息技术应用达到国际先进水平的建筑企业。2010 年，清华大学借鉴美国国家 BIM 标准（NBIMS）的经验，以前期调查研究成果为着眼点，提出了以我国实际情况为核心的建筑信息模型标准框架（CBIMS），同时将 CBIMS 根据面向对象的不同做出了划分（分别归纳为面向用户的 CBIMS 以及面向 IT 的 CBIMS），这标志着 BIM 技术在我国建筑领域中的应用正在逐步发展与成熟过程当中。而对于高等院校而言，在 BIM 技术自初步建模至成熟应用不断发展、提升的这一过程当中，如何促进 BIM 在教育教学领域中的规模化应用，这一问题是非常关键的。为进一步推广 BIM 技术在建筑业的应用，各省市陆续发布各项指导意见与实施办法。上海市人民政府办公厅发布了《关于在本市推进建筑信息模型技术应用的指导意见》；北京市规划委员会发布了《民用建筑信息模型设计标准》，并于 2014 年 9 月 1 日正式实施；广东省住房和城乡建设厅发布了《关于开展建筑信息模型 BIM 技术推广应用工作的通知》，目标是到2020 年底，全省建筑面积 2 万平方米及以上的工程普遍应用 BIM 技术。2012 年，住建部《关于印发 2012 年工程建设标准规范制订修订计划的通知》宣告了中国 BIM 标准制定工作的正式启动，其中包含 5 项 BIM 相关标准：《建筑工程信息模型应用统一标准》《建筑工程信息模型存储标准》《建筑工程设计信息模型交付标准》《建筑工程设计信息模型分类和编码标准》《制造工业工程设计信息模型应用标准》。

至此，工程建设行业的 BIM 热度日益高涨，政府层面的推动为 BIM 的应用发展提供了良好的条件。各大施工企业和设计院开始使用 BIM，并成立 BIM 小组，BIM 咨询公司也应运而生。近几年，业主对 BIM 的认知度也在不断提升，许多大型房地产商也在积极探索应用 BIM。目前国内大型项目都要求在全生命周期使用 BIM。以安徽合肥万达茂项目为例，该项目是一个造型特殊、设计难点多的项目，项目紧密结合 BIM 技术，制定了有针对性的解决方案，并在设计方、施工方的协同帮助下，保证项目在整个生命周期中更加彻底地实施 BIM 技术。中心的地下室面积大，机房分布多，管线排布密集，走向复杂，净高要求高，应用 BIM 技术在有限的时间里提供了高效的解决方案，排布出最优化的管线布置位置，避免了机电施工时的错误返工。

1.3 Revit MEP 基本知识

本节从基本术语和基本操作两方面介绍 Revit MEP 的基本知识。

1.3.1 Revit MEP 的基本术语

(1) 项目

在 Revit MEP 中，项目是单个设计信息数据库模型。这些信息包括用于设计模型的构件（如墙、门、窗、管道、设备等）、项目视图和设计图纸。通过使用单个项目文件，用户可以轻松地对设计进行修改，修改将同步反映在所有关联区域（如平面视图、立面视图、剖面视图、明细表等）中，方便项目管理。

(2) 图元

Revit MEP 包含 3 种图元。

① 模型图元　代表建筑的实际三维几何图形，如风管、机械设备等。Revit MEP 按照类别、族和类型对模型图元进行分级。

② 视图专用图元　只显示在放置这些图元的视图中，对模型图元进行描述或者归档，如尺寸标注、标记和二维详图。

③ 基准图元　协助定义项目范围、标记和二维详图。

a. 轴网　有限平面，可以在立面视图中拖曳其范围，使其不与标高线相交。轴网可以是直线，也可以是弧线。

b. 标高　无限水平平面，用作屋顶、楼板和天花板等以层为主体的图元的参照。大多用于定义建筑内的垂直高度或楼层。要放置标高，必须处于剖面或立面视图中。

c. 参照平面　精确定位、绘制轮廓线条等的重要辅助工具。参照平面对于族的创建非常重要，有二维参照平面及三维参照平面，其中三维参照平面显示在概念设计环境（公制体量.rft）中。在项目中，参照平面能出现在各楼层平面中，在三维视图不显示。

Revit 图元的最大特点就是参数化。参数化是 Revit MEP 实现协调、修改和管理功能的基础，大大提高了设计的灵活性。Revit MEP 图元可以由用户直接创建或者修改，无需进行编程。

(3) 类别

用于对设计建模或归档的一组图元。例如，模型图元类别包括风管附件和机械设备等。注释图元类别包括标记和文字注释等。

(4) 族

某一类别中图元的类，根据参数（属性）集的共用、使用上的相同和图形表示的相似来对图元进行分组。一个族中不同图元的部分或全部属性可能有不同的值，但是属性的设置（其名称与含义）是相同的。例如，冷水机组作为一个族可以有不同的尺寸和冷量。

(5) 类型

族可以有多个类型。类型用于表示同一族的不同参数（属性）值。例如，"屋顶离心风机"族，根据不同的风量在这个族内创建了多个类型。

在这个族中，不同的类型对应了不同的风机外形尺寸。

(6) 实例

放置在项中的实际项（单个图元）。在建筑（模型实例）或图纸（注释实例）中都有特定的位置。

1.3.2　Revit MEP 的基本操作

(1) MEP 基本命令

Revit 把用户常用命令都集成在功能区面板上，直观且便于使用，见图 1-1。

图 1-1　功能区面板

(2) 快捷键

常用命令不仅可以单击功能区面板上的按钮选用，也可以通过自定义快捷键来使用，快捷键的使用有助于提高设计效率。

① 快捷键自定义　Revit 将快捷键自定义直接嵌入软件中，提供给用户更加直观和人性化的界面。

具体操作：单击"应用程序菜单 " 按钮→"选项"→"用户界面"→"自定义"，打开"快捷键"对话框，见图 1-2 和图 1-3。

图 1-2　快捷键自定义（一）　　　　图 1-3　快捷键自定义（二）

例如：为"类型属性"命令设置快捷命令，在图 1-3 所示对话框中选中"类型属性"，在"按新键"一栏内输入"PR"，单击"指定"按钮，则"类型属性"的快捷命令设置为"PR"。

② 快捷键设置文件　通过单击"快捷键"对话框下方的"导出"按钮，把自定义的快捷键设置保存为某一文件名后缀为 .xml 的文件，可存于电脑的任何文件夹。当其他用户或电脑自定义快捷键时，把该文件复制到所需用户或电脑上，通过单击"导入"按钮把所选快捷键文件的设置导入软件中。

【注意】 1. 在"搜索"栏中输入所需自定义命令的关键字，就能找到与之相关的命令。例如，输入"风管"关键字搜索，在列表中就会把带"风管"关键字的命令都显示出来，见图 1-4。

2. 当输入的快捷键同原有的定义重复时，软件会自动弹出提醒对话框"快捷键方式重复"，并告知是同哪个命令重复，见图 1-5。

(3) 图元选择

选择单个图元时，直接点击鼠标左键即可。选择多个图元时，按住"Ctrl"键，光标逐个点击要选择的图元。要取消选择时，按住"Shift"键，光标点击要选择的图元，可以将图元从选择集中删除。

按住鼠标左键，从左向右拖曳光标，则选择矩形范围内的图元。按住"Ctrl"键，可以继续用框选或其他方式选择图元。按住"Shift"键，可以用框选或其他方式将选择的图元从选择集中删除。

图 1-4　搜索关键字　　　　　　　　　　　图 1-5　快捷键方式重复

　　点选某个图元，然后单击右键，从右键下拉菜单中选择"选择全部实例"命令，见图 1-6，软件会自动选择当前视图或整个项目中所有相同类型的图元实例。这是编辑同类图元最快速的选择方法。

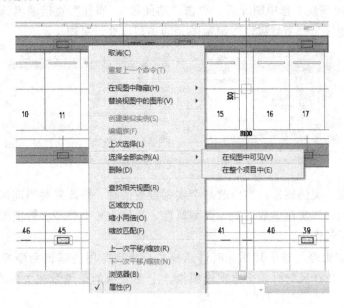

图 1-6　选择全部实例

　　【注意】　用"Tab"键可快速选择相连的一组图元。在图 1-6 所示面板中移动光标到其中一个图元附近，当图元高亮显示时，按"Tab"键，相连的这组图元会高亮显示，再单击鼠标左键，就选中了相连的一组图元。
　　(4) 图元过滤
　　选中不同图元后，单击功能区中"过滤器"按钮，可在"过滤器"对话框中勾选或者取消勾选图元类别，可过滤已选择的图元，只选择所勾选的类别，见图1-7。

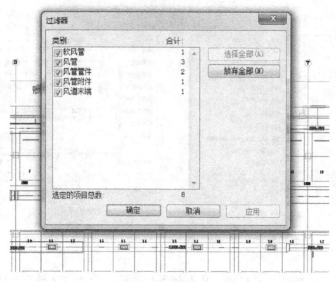

图1-7　图元过滤

（5）图元编辑

① 图元编辑属性　选中图元后，单击"功能区""属性"直接编辑该图元的实例属性，单击"功能区"→"类型属性"编辑图元的类型属性，见图1-8。

图1-8　图元编辑属性

两者的区别：实例属性，当修改某个实例参数值时，修改只对当前选定的图元起作用，而其他图元的该实例参数不变；类型属性，当修改某个类型参数值时，修改对所有相同类型的图元起作用。

② 专用编辑命令　选中某图元时，选择栏会出现专用的编辑命令按钮，用以编辑该图元。例如，选择风管时，会出现选项栏，上面显示的是风管相关的专用编辑命令，见图1-9。

图1-9　专用编辑命令

③ 端点编辑　选择图元时，在图元的两端或其他位置会出现蓝色的操作控制柄，通过拖曳来编辑图元。例如，图1-10所示风管的两个端点、尺寸标注的尺寸界限端点、文本位置控制点等。

④ 常用编辑命令　在功能区中的"修改"选项卡中提供了对齐、拆分、修剪、偏移、连接几何图形等常用编辑命令，见图 1-11。

图 1-10　端点编辑

图 1-11　常用编辑命令

(6) 可见性控制

与 AutoCAD 中关闭图层显示功能类似，当绘图区域图元较多、图纸较复杂时，需要关闭某些对象的显示。Revit 提供以下可见性控制方法。

① 可见性/图形替换　有以下 2 种方式可以打开"可见性/图形替换"对话框：

a. 单击功能区中"视图"→"可见性/图形"，打开"可见性/图形替换"对话框，见图 1-12；

b. 输入快捷键"VV"打开。

"可见性/图形替换"对话框中分别按"模型类别""注释类别""分析模型类别""导入的类别""过滤器"5 个选项卡分类控制各种图元类别的可见性和线样式等。取消勾选图元类别前面的复选框即可关闭这一类型图元显示。

模型类别：用于控制风管、水管、风管附件、机械设备等模型构件的可见性、线样式及详细程度等。

注释类别：用于控制所有立面、剖面符号、门窗标记、尺寸标注等注释图元的可见性和线样式等。

分析模型类别：用于结构模型分析使用。

导入的类别：用于控制导入的外部 CAD 格式文件图元的可见性和线样式等，仍按图层控制。

图 1-12　可见性/图形替换

过滤器：使用过滤器可以替换图形的外观，还可以控制特定视图中所有共享公共属性的图元可见性。需要先创建过滤器，然后设置可见性。

② 临时隐藏/隔离　单击"视图控制栏"的"临时隐藏/隔离"按钮，见图 1-13，其列表中有以下指令。

图 1-13　临时隐藏/隔离

隔离类别：在当前视图中只显示与选中图元相同类别的所有图元，隐藏不同类别的其他所有图元。

隐藏类别：在当前视图中隐藏与选中图元相同类别的所有图元。

隔离图元：在当前视图中只显示选中图元，隐藏选中图元以外所有对象。

隐藏图元：在当前视图中隐藏选中图元。

重设临时隐藏/隔离：恢复显示所有图元。

(7) 视图显示模式控制

平面、立面、剖面、三维视图等可以切换以下 5 种显示模式："线框""隐藏线""着色""一致的颜色""真实"，见图1-14。

列表中的"图形显示选项"对话框中的设置用于增强模型视图的视觉效果，见图1-15。

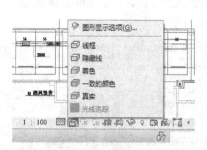

图 1-14 视图显示模式　　　　　　图 1-15 图形显示选项

1.4 BIM 机电与其他专业的协同

协同设计方式是实现协同设计的手段，常用方法是基于 Autodesk BIM 系列软件工具的中心文件式、文件链接式两种协同设计方式，两种方式协同的深度、适应的情景、软硬件要求水平均有差异，两种方式及其结合应用能够满足不同协同设计需求。

1.4.1 中心文件式协同设计

中心文件式又称为"工作集"模式，接近实时将修改显示在中心文件中，并反馈给协作设计师。中心文件式是一种数据级的实时协同设计模式，根据各专业的参与人员及专业性质确定编辑权限，通过工作集方式确定工作任务，在各自独立工作的过程中将成果汇总至中心文件，各参与成员都有一个中心文件的实时本地镜像，该镜像可查看同事的工作进度，并支持成员间互相借用属于对方的某些建筑图元进行交叉设计，从而实现成员间的实时数据共享。

通过"工作集"机制，专业之间或专业不同设计人员之间可通过创建项目"中心文件"的多个"本地"副本进行专业设计，通过唯一的"中心文件"进行多专业设计成果的整合。需要注意的是在副本创建后，绝不可直接打开或编辑"中心"文件，所有要进行的操作必须通过本地文件来执行。中心文件的合理使用可大幅提高大型、多用户项目的效率。

Autodesk Revit 中心文件式的具体应用步骤如下。

(1) 启用工作集

该工作由项目经理或者 BIM 负责人完成，主要工作有：

① 划分工作集。设计任务的分派，根据各专业的设计任务的特点进行。

② 创建工作集。事先定义共享中心文件的名称及位置。

③ 分配工作集图元。在 Revit 中打开工作集选项卡输入工作集的名称，软件自动将项目中的图元确定的工作集进行分类，同时也支持手动模式分配图元。

④ 建立中心文件。在工作集选项中新建工作集，并在网络路径上保存以生成中心文件。

⑤ 工作集编辑权限赋予。将编辑权限赋予对应的工作集负责人。

(2) 使用工作集

在项目中心文件建立完成之后，各专业在此基础上根据需要建立专业或子项目的中心文件。设计者使用工作集的步骤如下。

① 创建本地文件。通过网络连接中心文件服务器，创建本地工作文件的副本。

② 接受工作集编辑权限。一般需要重新定义设计者所负责的工作的图元可见性等参数，当设计师的工作集分配发生变化或需要临时将自己的工作借给他人编辑时，可用工作集的权限签入签出功能实现编辑权限的快速传递。

③ 图元借用。当设计师之间需要互相借用不属于自己的工作集的图元进行临时编辑时采用此功能，需求方向所有方放置编辑请求，图元所有方在授予编辑权限后所借用的图元才能被编辑。借用的图元在编辑完成后可选择归还或继续保留编辑权限，电脑将全程记录所有权的变更情况。

④ 定期同步成果数据。在自己的工作集中开始工作，并定期将工作的成果更新至服务器的中心文件。

⑤ 同步并关闭本地文件。设计工作完成之后，需同步并关闭本地文件。此时自己所属的编辑权限可以选择保留或放弃。

(3) 管理工作集

管理工作集主要是面向 BIM 负责人和设计进行工作集的编辑工作，主要提供以下几项功能。

① 历史记录。用于查看工作集的工作日志，包括设计工作进展、模型同步时间记录、图元权限的借出及借入情况等，工作集的历史记录将使设计工作可视化，使得设计管理工作更加透明，权责更加明确。

② 备份。提供工作集的备份与恢复功能。需要注意的是恢复备份功能将覆盖当下的设计成果且不可逆。因此应用时应对中心文件进行"另存为"备份，再进行此操作。

③ 从中心文件分离与放弃工作集。该功能用以脱离中心文件的双向传输，在放弃工作集后所有设置将恢复为单人工作状态，该功能慎用。

中心文件式协同方式通过工作集进行项目设计任务的划分，实现整体的模型的分解。工作集之间数据关联性强，在各工作集设计过程中可将本地模型同步至中心模型文件，实现模型的整合，或从中心模型文件同步至本地文件实现与其他设计师设计协调。中心文件式协同设计是最理想的设计方式，支持多人实时协同，基于工作的协同效率高，特别是在复杂项目中体现尤为明显。虽然中心文件式的协同方式优点十分突出，但仍受限于硬件的水平导致模型的同步速度慢，同一时间多人同步易导致服务器死机，并受限于 BIM 管理水平较低导致出现设计师难以适应相对复杂的软件操作及烦琐的权限管理机制等问题。

1.4.2 文件链接式协同设计

文件链接式也称为外部参照模式，通过"链接"机制，用户可以在模型中引用更多的几何图形和数据作为外部参照。链接的数据可以是项目的其他部分，也可以是来自另一专业团队或外部公司的数据。所链接的模型文件并不具备数据的关联性，无法获取编辑权限只能作为空间定位参考，数据处理量少。因此，软件占用配置要求较低，性能较高。文件链接式根据链接可以分为单专业链接文件和跨专业链接文件。专业内模型文件链接主要适用于单一建筑模型需要进行拆分为多个文件的情况，通过文件链接的方式组合形成完整模型，以达到单个模型的体积最小化，易于控制。该方式下需要重点考虑任务如何分配，尽量减少设计师在不同的模型之间切换。

链接其他模型文件时采用"通过共享坐标"的方法完成。参与项目的每个专业都拥有自己的模型，跨专业的模型文件链接就是用于链接其他专业完整的设计模型作为本专业设计的参考。在 Revit 中链接完成外专业模型后使用"复制/监视"工具复制和关联"标高"和"轴网"实现跨专业模型的定位一致性。文件链接式下设计文件之间不存在数据的关联，因此在大模型、多文件的链接的情况下依然能够保持系统的稳定性，运行速度快，不必受限于硬件的水平。此外文件链接式操作便利，只需取得服务器文件访问权限，通过复制方式实现模型数据的迁移。

操作的便利性是以协同水平为代价的，文件链接方式下各个设计文件间只能实现单向更新，而且更新的时效性非常差，在协同的过程中并不能对链接文件进行编辑，如遇设计冲突等问题就需要大量的人为沟通，严重影响协同的效率。此外在出图方面，由于链接完成的模型严格意义上不算完整的模型，出图效率会随着链接数量的增多而下降。

第 2 章
创建新项目

本章要点

项目样板

新建项目

2.1 项目样板

2.1.1 项目样板创建

项目样板为新项目的起点，包括 Revit 视图样板、已载入的 Revit 族、已定义的设置（如单位、填充样式、线样式、线宽、视图比例等）和几何图形（如果需要）。Revit 中提供了若干样板，用于不同的规程和建筑项目类型供使用者选用。另外，也可以创建自定义样板，以满足特定的需要，或确保遵守办公标准。

项目样板使用文件扩展名".RTE"，样板也是一个模板，在样板中预先设置一些项目中通用的设置，比如样板里面可以预先载入一些族、符号线、标注符号等。保存样板以后，基于样板新建的项目，不需要重复修改参数设置。样板只是提供一个模板，里面没有任何图元，是一个空的项目。注意：每个项目都需要建立在一个样板里面，只是根据不同项目类型，可以基于不同的样板，选择最恰当的反映规程和目的的样板。

在电脑中安装 Autodesk Revit 2016 软件，双击打开软件，初始界面如图 2-1 所示，对于机电模型，通常我们创建的是"项目"，如果需要处理机电模型涉及的管道或设备的"族"，请参考相关"族"讲解书籍。在"项目"下方，点击"打开"，选择已有项目，点击"新建"，则进入界面如图 2-2 所示，首先进行样板文件的选择，有两种操作，一种是选择软件自带的样板文件，例如"构造样板""建筑样板"等，另一种是点击"浏览"，选择保存在电脑某处之前创建的样板文件。样板确定之后，接下来选择要新建

图 2-1 初始界面

图 2-2 新建项目界面

图 2-3 选择样板文件

的是"项目"还是"项目样板"。如之前所述，针对机电项目模型，通常首先创建适用的样板文件，进行相关的设置。

如图 2-3 和图 2-4 所示，选择基于"机械样板"新建"项目样板"，进入样板文件设置，首先点击"保存"，为样板文件命名，选择存放样板文件的位置，便于日后创建项目选用，如图 2-5 所示。（注意：样板文件的类型，文件尾缀是".rte"）

图 2-4 新建项目样板

图 2-5 保存样板文件

另外，如果在初始界面，直接点击"构造样板""建筑样板""结构样板"或"机械样板"，则是直接基于点选的样板创建了一个新的项目。

2.1.2 项目视图样板

Revit 视图样板是一系列视图属性，例如，视图比例、规程、详细程度以及可见性设置。使用视图样板可以为视图应用标准设置，可以确保遵守公司标准，并实现施工图文档集的一致性。

在创建视图样板之前，首先考虑如何使用视图，对于每种类型的视图（楼层平面、立面、剖面、三维视图等），要使用哪些样式？例如，设计师可以使用许多样式的楼板平面视图，如电力和信号、分区、拆除、家具，然后进行放大。可以为每种样式创建视图样板来控制以下设置：类别的可见性/图形替代、视图比例、详细程度、图形显示选项等。

在项目样板界面，点击"视图"选项卡→"视图样板"，如图 2-6 所示，可以将已有软件中自带的视图样板或之前创建的视图样板应用到当前视图，也可以进行已有视图样板的管理，例如对其进行重命名或删除管理操作。如果点击"从当前视图创建新样板"，则弹出如图 2-7 所示的对话框，在"名称"框里输入新样板名，点击"确定"后进入样板设置界面，如图 2-8 所示，对新建"视图样板 2"进行相关内容的设置，完成后点击"确定"。

图 2-6 视图样板

图 2-7 创建视图样板

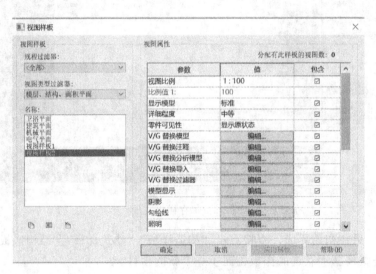

图 2-8 设置视图样板

对于视图样板的使用，可以通过以下方法来控制视图。

① 将视图样板中的属性应用于某个视图。以后对视图样板所做的修改不会影响该视图。

② 将视图样板指定给某个视图，从而在样板和视图之间建立链接。以后对视图样板所做的修改会自动应用于任何链接的视图。

③ 可以将视图样板从一个项目传递到另一个项目。

2.1.3 项目样板设置

在"管理"选项卡中可对项目信息、项目单位、对象样式、线型图案、项目位置等进行统一设置,如图2-9所示。其中如图2-10所示的对象样式的设置类似于CAD制图的图层设置,通过"过滤器列表"筛选出要进行设置的模型对象,可对各图层的线型、颜色、图层开关等进行设置,但是对象样式转化为"对象类别"与"子类别"时需要根据每个设计院制定的制图标准来设定,包括对Revit中的模型、对象的线宽、线型与线颜色的设置。对象样式可以根据自身需求新增,方法为切换到"管理"选项卡→"设置"面板→单击"其他设置✐"下拉菜单,如图2-11所示。单击"线型图案",弹出的对话框如图2-12所示,可新建、编辑、删除与重命名线型图案。修改后对应的"对象样式"中也会同步更新。

图2-9 样板文件基本设置内容

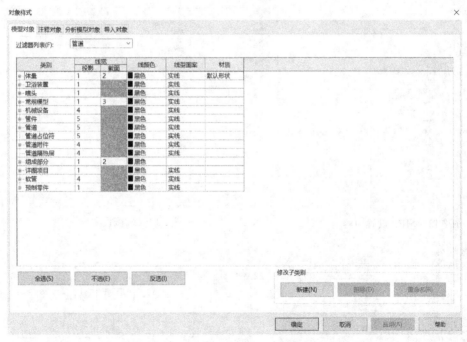

图2-10 对象样式设置

针对其中有关机电模型的"MEP设置",点击后如图2-13所示,可以根据需要进行相关内容的设置,例如选择"机械设置",如图2-14所示,设置的内容分为两大类,分别是风管和管道。其中"角度"是对管件角度的限定设置;"转换"是不同类型管道连接件类型的设定;"矩形""椭圆形""圆形"和"管段和尺寸"中可以根据项目特点对尺

图 2-11 "其他设置"下拉菜单

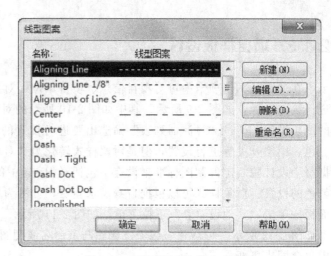

图 2-12 "线型图案"弹出对话框

寸序列进行增减。

点击图 2-14 所示对话框中"矩形""新建尺寸",如图 2-15 所示,可以输入任意常用的尺寸数值,注意单位为 mm。对于一些不常用的尺寸数值,可以单击尺寸值,再点"删除尺寸",就将此不常用管径值删除了。其他类似项操作相同,不再赘述。

图 2-13 MEP 设置内容

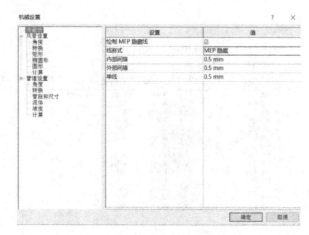

图 2-14 机械设置

图 2-15 新建矩形风管尺寸

图 2-16 其他设置

进行样板文件的各类基本设置完成后，再次点击"保存"，则样板文件创建完成，可供项目建模使用。

除了上述的设置外，在如图 2-16 所示的窗口"其他设置"中还可对项目中的材质、尺寸标注、捕捉、项目信息、项目参数、共享参数、传递项目标准及清除未使用项等进行设置。

2.2 新建项目

在软件初始操作界面，基于设定完毕的样板文件新建"项目"，并选择存储位置，命名后进行保存（注意：项目文件的类型，文件尾缀是".rvt"）。机电项目模型在已有建筑结构中进行创建，但为了保证单个模型文件的读取速度，建筑模型和机电模型通常以链接形式存在。

2.2.1 链接模型

以链接 CAD 文件为例，以 CAD 图纸为基础创建机电模型的管道与设备，首先将CAD 图纸链接到项目文件中，此处需要对 CAD 文件进行相关处理，为了方便链接文件，图纸需每层用一个独立文件存储。在新建项目的楼层平面图列表中选择一层，如图 2-17 所示，在"插入"选项卡中，点击"链接 CAD"，在弹出的对话框中选择 CAD

图纸存放的文件夹，单击对应楼层的图纸文件，在对话框下方"图层/标高"通常设置为"可见"，或者也可根据需要设置为"指定"；"导入单位"需根据样板文件保持一致，通常尺寸单位为 mm；

图 2-17　插入链接文件

"定位"选择"自动-原点到原点"，此处是保证同一建筑的不同模型进行链接时能保持在同一基准点的关键环节；"放置于"设置为 CAD 文件所处的楼层标高，如图 2-18 所示。为了弱化链接文件的颜色，突出项目中的内容，可以在"可见性"→"导入类别"中对链接文件中"半色调"勾选，如图 2-19 所示。

2.2.2 标高的创建及修改

标高用来定义楼层层高及生成平面视图，反映建筑物构件在竖向的定位情况，标高不是必须作为楼层层高，其标高符号样式可定制修改。"标高"命令必须在立面和剖面视图中才能使用，因此在正式开始项目设计前，必须事先打开一个立面视图，如图2-20所示，点击"建筑"→"基准"→"标高"创建标高。在立面视图中一般会有样板中的默认标高，根据建模需要绘制标高线，当建筑层数较多时，可通过复制、阵列等功能快速绘

图 2-18　链接文件设置（一）　　　　　　图 2-19　链接文件设置（二）

图 2-20　创建标高

制标高。

　　除了直接修改标高值，还可通过临时尺寸标注修改两标高间的距离，直接单击临时尺寸上的标注值，即可重新输入新的数值，该值单位为 mm，与标高值的单位"m"不同，要注意区别。

2.2.3　轴网的创建及修改

　　在 Revit 中轴网只需要在任意一个平面视图中绘制一次，其他平面和立面、剖面视图中都将自动显示。轴网构成了一个不可见的工作平面，用于模型中管道和构件的定位。在模型楼层平面标高 1 内链接 CAD 图纸后，如图 2-21 所示。根据图纸中轴网的布局，创建模型中的轴网，点击"建筑"→"基准"→"轴网"创建轴网。可以通过单根轴线绘制创建，也可根据建筑特点利用"复制""阵列"等命令对轴线进行创建。

　　此处操作与建模基础中一致，不做详细讲解，如有需要，请自行查阅资料。需要注意以下 2 个问题：①在框选了所有的轴网后，会在"修改 | 轴网"选项卡中出现"影响范围"命令，单击后出现"影响基准范围"的对话框，按住"Shift"选中各楼层平面，单击确定后，其他楼层的轴网也会相应地变化；②轴网可分为 2D 和 3D 状态，单击 2D 或 3D 可直接替换状态。2D 与 3D 的区别在于：2D 状态下所做的修改仅影响本视图；在 3D 状态下，所做的修改将影响所有平行视图。在 3D 状态下，若修改轴线的长度，其他视图的轴线长度对应修改，但是其他的修改均需通过"影响范围"工具实现。

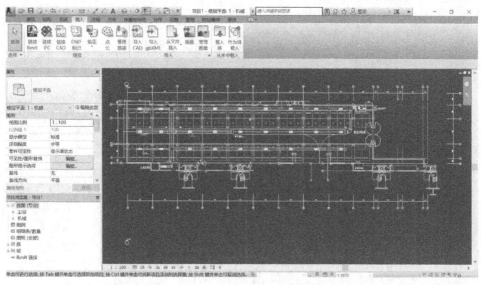

图 2-21 链接 CAD 文件的楼层平面

2.2.4 平面视图的创建

绘制完成标高线不代表在"项目浏览器"中同时生成楼层平面，单击选项卡"视图"→"平面视图"→"楼层平面"命令，打开"新建平面"对话框，从下拉列表中选择需要创建平面的标高名称。

标高和轴网创建完成，回到任一平面视图，框选所有轴线，在"修改"面板中单击图标，如图 2-22 所示，锁定绘制好的轴网（锁定的目的是使得整个的轴网间的距离在后面的绘图过程中不会偏移）。

图 2-22 锁定功能

至此，新项目创建基本准备工作完成，可以进行机电模型的创建，Revit 中仍有很多功能设置项，建模者可以根据需要有针对性地探索。

第3章
供热与给排水工程BIM设计与案例分析

本章要点

管道设置

绘制管道

绘制管件及添加附件

连接机组水管

管道系统

案例分析

在 Revit 2016 机电建模的工程设计中，供热工程和给排水工程涉及的管道系统有诸多的相似之处，为了避免重复介绍，本章将这三个工程中的管道合并介绍，若有各自工程不同之处，再加以说明。

3.1 管道设置

打开管道设置：单击"管理"选项卡→"设置"面板→"MEP 设置"下拉列表→选择"机械设置"，即可弹出机械设置对话框，如图 3-1 所示，或直接单击"系统"选项卡中"卫浴和管道"面板右下角的小箭头，也可弹出机械设置对话框，如图 3-2 所示。

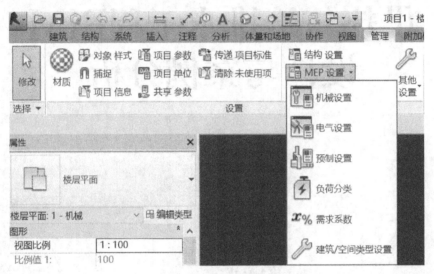

图 3-1　从管理选项卡进行机械设置

图 3-2　从系统选项卡进行机械设置

打开"机械设置"对话框，单击"隐藏线"，在右侧面板中，可设置以下参数，如图 3-3 所示。

•绘制 MEP 隐藏线：如果选择该选项，将按照为隐藏线所指定的线样式和间隙来绘制管道。

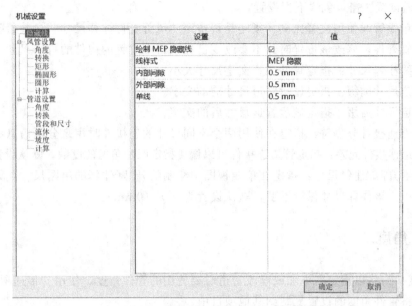

图 3-3　机械设置中的隐藏线设置

•线样式：单击"值"列，然后从下拉列表中选择一种线样式，以确定隐藏分段的线将在分段交叉处显示的方式。

•内部间隙：指定在交叉段内部出现的间隙，如果选择了"细线"，该间隙将不会显示。

•外部间隙：指定在交叉段外部出现的间隙，如果选择了"细线"，该间隙将不会显示。

•单线：指定在交叉段位置处单隐藏线的间隙。

对其中有关供热与给排水工程的"管道设置"，可以设定 MEP 配线参数、管件角度、系统分类、管段属性及尺寸、流体名称、坡度值和压降流量计算，如图 3-4 所示。

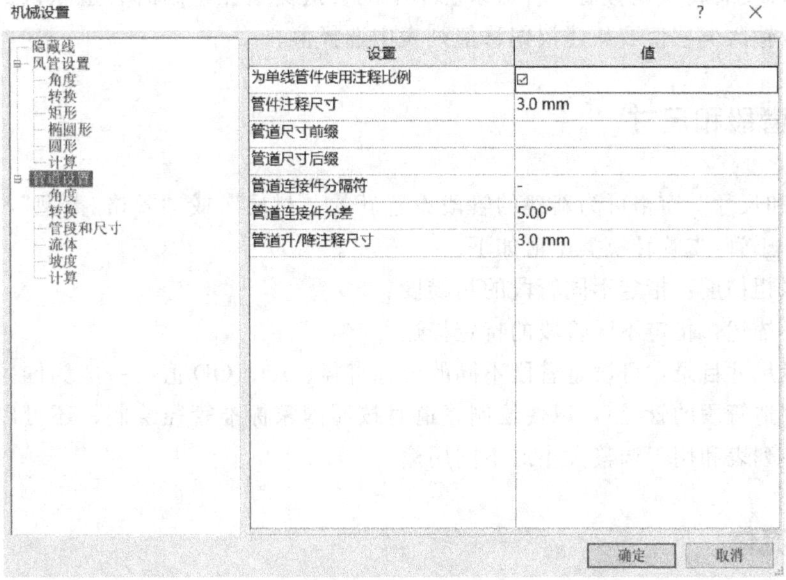

图 3-4　机械设置中的管道设置

"管道设置"窗口包含下列设置。

• 为单线管线使用注释比例：指定是否按照"风管管件注释尺寸"参数所指定的尺寸绘制水管管件，修改该设置时并不会改变已在项目中放置的构件的打印尺寸。

• 管线注释尺寸：指定管件注释文字尺寸大小。

• 管道尺寸前缀：指定显示管道尺寸前的文字。

• 管道尺寸后缀：指定显示管道尺寸后的文字。

• 管道连接件分隔符：指定在使用两个不同尺寸的连接件时用来分隔信息的符号。

• 管道连接件允差：指定管道连接件可以偏离指定匹配角度的度数，默认设置为 5°。

• 管道升降/注释尺寸：指定在单线视图中绘制的升/降注释的出图尺寸，无论图纸比例为多少，该注释尺寸保持不变，默认设置为 $0'0''$（0mm）。

3.1.1 角度

"角度"窗格以指定在添加或修改管道时要使用的管件角度。使用"传递项目标准"功能可以将管件角度的设置复制到其他项目中。

• 使用任意角度：Revit 将使用管件内容支持的任意角度。

• 设置角度增量：指定用于确定角度值的角度增量。

• 使用特定角度：指定要使用的具体角度。

3.1.2 转换

"转换"窗格以指定在添加或修改管道时要使用的管道类型的改变。

• 干管/支管转换类型值：管道系统中不同管道类型的转换。

• 干管/支管转换偏移值：管道系统中不同管道类型在绘制时管道默认的目标高偏移值，可以输入偏移值或从建议偏移值列表中选择值。

3.1.3 管段和尺寸

"管段和尺寸"窗格可为新建的管段设置新的"材质"或"规格/类型"，也可以两者都设置。干管/支管转换类型值如下。

• 管段粗糙度：指定不同管段的粗糙度。

• 管段描述：指定不同管段的特定描述。

• 管段尺寸目录：可设定管段不同的公称直径、ID、OD 值（一般为国家标准允许的企业可制造管段的管径），以便绘制管道时按照国家标准管径绘制，还可以定义该管段用于尺寸列表和用于调整大小的不同用途。

3.1.4 流体

"流体"窗格可新建和删除不同流体的温度、动态黏度及密度。

- 新建流体：用于新建管内流体，设定其对应的流体温度、动态黏度和密度值。
- 删除流体：可用于删除不符合规定的流体。

3.1.5 坡度

"坡度"窗格可新建坡度和删除坡度。
- 新建坡度：指定绘制带坡度管道的坡度值。
- 删除坡度：可删除不合理的坡度值。

3.1.6 计算

"计算"窗格可计算管道直线段压降和将卫浴装置当量转换为适用于家用水系统流量的卫浴装置流量。

计算方法：可设定计算管道直线段压降和将卫浴装置当量转换为适用于家用水系统流量的卫浴装置流量的不同方法。

3.2 绘 制 管 道

3.2.1 绘制水平管

① 打开放置水平水管的视图，进入水平管基准标高平面视图。

② 单击"系统"选项卡→"卫浴与管道"面板→"管道"命令，或直接输入快捷键PL。

③ 在"类型选择器"中，选择所要绘制水平管的类型，如图3-5所示。

④ 在选项栏上，指定水平管的直径、偏移量，偏移量是指管道定位线高出当下平面标高线的高度，在如图3-6所示的窗口中设置。

⑤ 在"放置"选项卡中，选择自动连接的方式，如图3-7所示，这样允许管段在开始或结束时通过连接捕捉构件，在连接不同高程的管段很有用，如果取消此项点选，就可以避免在绘制一个管段与另一个有不同偏移的管段在同一路径上时无意中建立连接。

⑥ 如图3-7所示，在"偏移连接"选项卡选择需要的偏移方式，一般选择默认的添加垂直命令。

⑦ 如图3-7所示，在"带坡度管道"选项卡中，可以选择禁用坡度命令，也可以点选向上 △ 或向下 ▽ 的坡度方向，并输入"坡度值"。

⑧ 如图3-7所示，在"标记"选项卡中，根据项目需要可以选中"在放置时进行标记"，以自动标记水平管（在管道类型中可设置标记方式）。

⑨ 在绘图区域中，单击指定水平管路的起点，然后移动光标，并单击指定管路上的点，如图 3-8 所示。

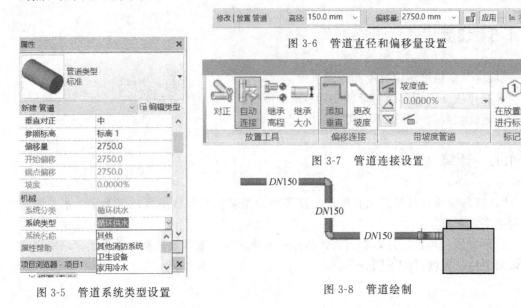

图 3-5　管道系统类型设置

图 3-6　管道直径和偏移量设置

图 3-7　管道连接设置

图 3-8　管道绘制

3.2.2　绘制立管

在需要连接不同高度的管段时，则可用立管将不同标高的水平管连接起来。

在任意平面视图中，单击"系统"选项卡→"卫浴与管道"面板→"管道"命令，或直接输入快捷键"PL"，指定水平管管道的直径、偏移量，绘制与立管相连的水平管，然后在偏移量中输入另一水平管的偏移量，单击应用或继续绘制另一水平管，即可自动生成立管。如图 3-9 所示，在平面图中绘制一根直管段，通过设置 4 个不同的偏移量值，分别是 2750mm、1750mm、750mm、0mm，则在立面图中，自动生成了 3 根立管，连接不同偏移量值得水平管段。

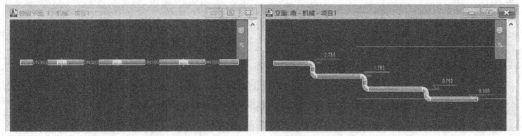

图 3-9　立管绘制

3.2.3　绘制坡度管

与绘制水平管步骤相同，只需在图 3-7 所示的窗口"带坡度管道"选项卡中，根据需要选择向上坡度或向下坡度命令，并选择已在类型设置中设置好的坡度值，即可绘制带坡度的水管。

3.2.4　绘制平行管

在管道系统中，有时候出现多根相互平行的管道，为了便于此项建模操作，Revit
2016 中可以通过"系统"→"卫浴和管道"→"平行管道"实现，点击"平行管道"后，
在"修改/放置平行管道"上下文选项卡的"平行管道"栏中，输入"水平数""水平偏
移""垂直数""垂直偏移"，参数设置如图 3-10 所示。

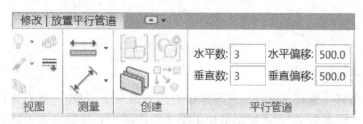

图 3-10　平行管道参数设置

在绘图区域中，将光标移动到现有
管道以高亮显示一段管段。将光标移动
到现有管道的任一侧时，将显示平行管
道的轮廓，如图 3-11 所示，按"Tab"
键以选择整个管道管路，如图 3-12 所示，
单击以放置平行管道，如图 3-13 所示。

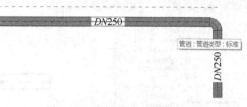

图 3-11　光标移动至管道上侧

图 3-12　按"Tab"键后管道选择

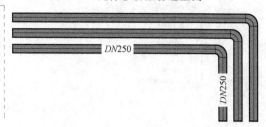

图 3-13　平行管道放置完成

3.3　绘制管件及添加附件

3.3.1　绘制及修改三通

(1) 绘制方法一

与绘制水平管的方法一样绘制三通所连接的主管，接着指定支管的直径、偏移量，

把鼠标定位到要与主管相连接支管的起点，将支管的终点指定到主管道上，使得与主管有交点，即可自动生成三通，见图3-14。

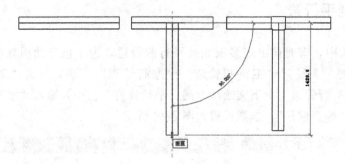

图3-14 绘制三通方法一

（2）绘制方法二

先分别绘制好主管和支管（在三通连接的地方留一个空隙），然后选择支管，右键单击支管管道"绘制管道"，再拖动鼠标于交叉管道的中心线处，单击鼠标左键即可生成三通，见图3-15。

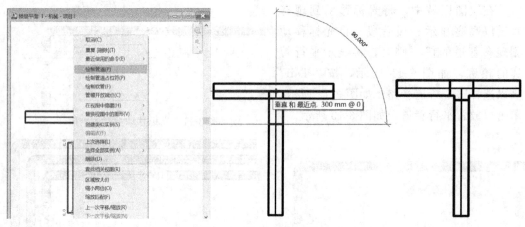

图3-15 绘制三通方法二

（3）修改三通

选中要修改的三通，即可修改三通的类型参数和属性，如果有需要，自行加载三通族文件。

3.3.2 绘制及修改四通

（1）绘制方法一

在绘制完三通后，选择三通，单击三通处的加号，三通自动会变成四通，然后单击管道，将鼠标移动到四通连接处，即可单击绘制管道，相同的原理，弯头、三通、四通之间都可以通过单击加号、减号的方式实现转换，见图3-16。

（2）绘制方法二

先绘制其中任一管道，再绘制与之相交且同一标高的另一管道，即可自动生成四

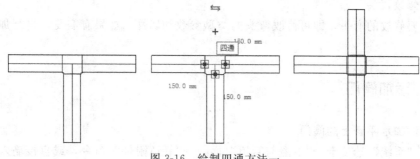

图 3-16　绘制四通方法一

通，见图 3-17。

（3）修改四通

选中要修改的四通，即可修改四通的类型参数和属性，如果有需要，自行加载四通族文件。

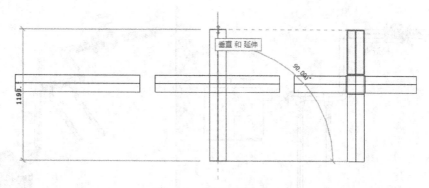

图 3-17　绘制四通方法二

3.3.3　绘制及修改弯头

（1）绘制弯头

在绘制的状态下，按照尺寸直接在弯头处改变方向，即可自动生成弯头，见图3-18。

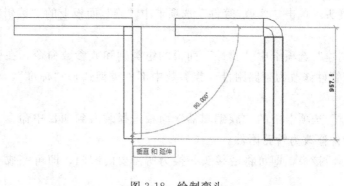

图 3-18　绘制弯头

(2) 修改弯头

选中要修改的弯头，即可修改弯头的类型参数和属性，如果有需要，自行加载弯头族文件。

3.3.4 添加阀门

(1) 添加水平管上的阀门

单击"系统"选项卡→"卫浴与管道"面板→"管道附件"命令，或直接输入快捷键"PA"，弹出"修改/放置管道"选项卡，单击"属性"→"修改图元类型"下拉按钮，选择需要的阀门（如果没有需要的阀门，可在"模式"面板中单击"载入族"命令载入需要的阀门），把鼠标移动到需要添加阀门的管道中心线处，在"选项栏"中选择阀门的标高，单击即可完成阀门添加，见图3-19。

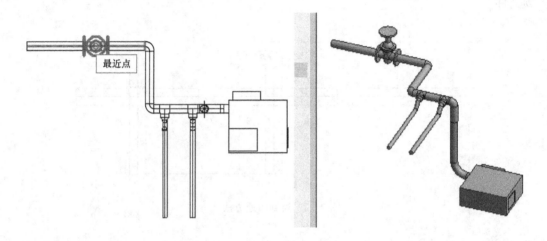

图 3-19 水平管上添加阀门

(2) 添加立管上的阀门

① 将视图转换至三维视图下，选择"修改"选项卡下"编辑面板"中的"拆分图元"命令，在需要添加阀门的立管上单击鼠标左键，即可在需添加阀门的立管中出现活接头，见图3-20。

② 选择活接头，单击"修改/管件"选项卡中"族"面板上的"编辑族"命令，进入族编辑器。

③ 单击"创建"选项卡中"属性"面板的组类别和族参数命令，在弹出的对话框中的组类别中将管件修改为管路附件，族参数中部件类型选择"标准"，单击"确定"，见图3-21。

④ 在"创建"选项卡中的"族编辑器"面板选择载入到项目中命令。即可将活接头的族类型从管件修改为管路附件。

⑤ 再次选择活接头，即可将活接头替换为所需要的阀门，即可完成立管上阀门的添加。

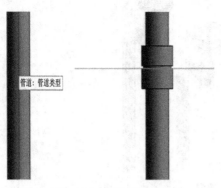

图 3-20 添加活接头

图 3-21 修改活接头族参数

3.3.5 添加存水弯

存水弯广泛地应用于各种排水系统中，也叫"水封"，是一个连通器。

（1）载入项目中所需存水弯

单击"系统"选项卡中"卫浴和管道"面板的管道附件命令，在类型选择器编辑类型中单击"载入"，选择所需的存水弯，单击"打开"，即将该族载入项目中。

（2）放置存水弯

单击"系统"选项卡中"卫浴和管道"面板的管道附件命令，在类型编辑器中选择载入的存水弯，然后在绘图窗口将鼠标移动到与存水弯相连管道的位置，在选项栏中选择存水弯标高，单击鼠标，即可将存水弯添加到项目中，并且存水弯与管道自动连接，见图3-22。

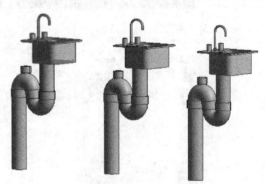

图 3-22 添加存水弯

3.3.6 添加地漏

（1）载入项目中所需地漏

单击"系统"选项卡中"卫浴和管道"面板的管道附件命令，在类型选择器编辑类型中单击"载入"，选择所需的地漏，单击"打开"，即将该族载入项目中。

（2）放置地漏

单击"系统"选项卡中"卫浴和管道"面板的管道附件命令，在类型编辑器中选择载入的地漏，然后在绘图窗口将鼠标移动到与地漏相连管道的位置，在选项栏中选择地漏标高，单击鼠标，即可将地漏添加到项目中，并且地漏与管道自动连接，见图3-23。

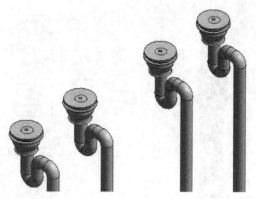

图 3-23　添加地漏

3.3.7　添加其他管路附件

（1）载入项目中所需其他附件

单击"系统"选项卡中"卫浴和管道"面板的管道附件命令，在类型选择器编辑类型中单击"载入"，选择所需的其他管路附件，单击"打开"，即将该族载入项目中，见图3-24。

图 3-24　载入族文件

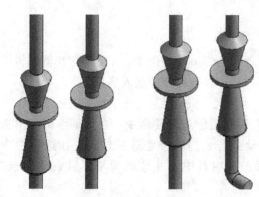

图 3-25　放置管路附件

（2）放置其他管路附件

单击"系统"选项卡中"卫浴和管道"面板的管道附件命令，在类型编辑器中选择载入的其他管路附件，然后在绘图窗口将鼠标移动到与其他管路附件相连管道的位置，在选项栏中选择其他管路附件标高，单击鼠标，即可将其他管路附件添加到项目中，并且其他管路附件与管道自动连接，见图3-25。

3.4 连接机组水管

(1) 载入项目中所需换热机组

下面以"换热机组-5.00-11.25MW"为例进行说明。

单击"插入"选项卡中"从库中载入"面板的"载入族"命令，选择所需的换热机组，单击"打开"，即将该族载入项目中，见图3-26。

图 3-26　载入换热机组族文件

(2) 放置换热机组

单击"系统"选项卡中"机械设备"面板的机械设备命令，在类型选择器中选择

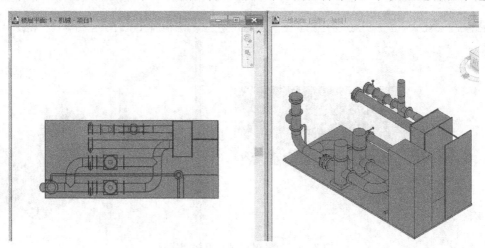

图 3-27　放置换热机组

"换热机组-5.00-11.25MW"，然后在绘图窗口将鼠标移动到合适位置，将设备放入视图前，可以按空格键进行旋转。每按一次空格键，设备旋转90°。在选项栏中选择机组标高，单击鼠标左键，即可将空调机组添加到此项目中，也可以选择"修改/机械"选项卡中的"修改面板"的命令修改机组位置，见图3-27。

(3) 绘制水管

选择换热机组，鼠标右键单击水管接口图标 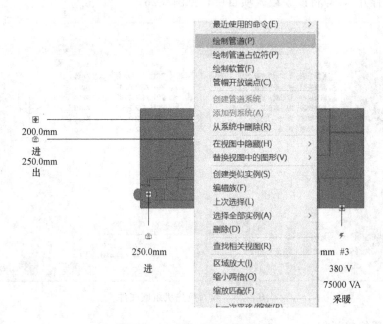，会弹出菜单，选择"绘制管道"，如图3-28所示。管道默认与机组接管管径一致，标高一致，鼠标移动到需要的位置即可，若接管出口朝上或者朝下，绘制管道时，是立管的绘制，直接输入立管末端标高值即生成管道，绘制与机组相连接的水管完成，见图3-29。

图 3-28　绘制与机组连接管道

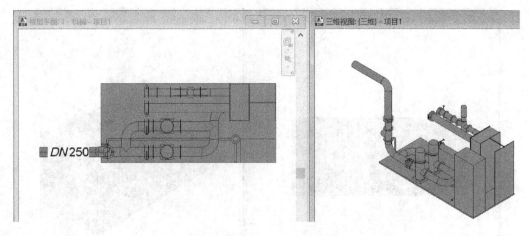

图 3-29　与机组连接管道绘制完成

3.5 管道系统

Revit 2016 可以在现有管段线中插入某些装置、附件和机械设备，在放置它们的位置上会自动进行连接。这些插入的构件具有相同但方向相反的连接件，并且能与其连接件的方向精确地对齐。在必要时将自动插入过渡件，以便与管段的尺寸相匹配。

在某些情况下，删除插入构件会恢复管道的连续性。例如，如果插入构件的大小与其所在位置的管道尺寸相匹配（因而不用创建过渡件），则删除插入构件会恢复管段的连续性。

工程中有不同的管道系统，为了便于管理和数据分析，需要在管道绘制时，对其进行系统类型划分，首先应根据工程特点，创建需要的系统类型，然后当进行管道绘制和设备布置时，对其"属性"栏中的"系统类型"进行设置。

3.5.1 创建管道系统类型

可以通过复制现有系统类型，创建新的管道系统类型。复制系统类型时，新的系统类型将使用相同的系统分类，然后可以修改副本，而不会影响原始系统类型或其实例。

① 在项目浏览器中，展开"族"→"管道系统"，管道系统族如图 3-30 所示。

② 在某个系统类型上单击鼠标右键，然后单击"复制"。

③ 选择复制生成的系统，单击鼠标右键，然后单击"重命名"，输入新的系统类型的名称。

3.5.2 自定义管道系统类型

可以自定义系统类型参数，包括图形替换、材质、计算、缩写和上升/下降符号，如图 3-31 所示。

(1) 编辑图形替换

对于某种类型的系统，可以针对指定给该系统的多个对象的集合，自定义图形替换以控制颜色、线宽和线型图案。图形替换应用于整个项目，而不是像过滤器那样应用于特定视图。

① 在系统类型上单击鼠标右键，然后单击"类型属性"。

② 在"类型属性"对话框的"图形"下，单击"图形替换"对应的"编辑"。

③ 在"线图形"对话框中，指定"线"的"宽度""颜色"或"填充图案"，单击"确定"。

系统"图形替换"的优先级介于"阶段化"和"过滤器"之

图 3-30　管道系统族

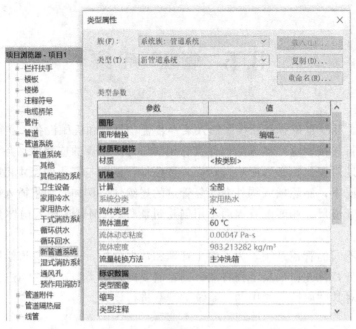

图 3-31　自定义管道系统类型

间，即针对系统类型设置的宽度、颜色和填充图案将替换掉针对类别的设置；但是，视图过滤器则始终优先于系统图形替换中的设置。

(2) 编辑其他系统参数

可以编辑系统的材质、计算、缩写和升/降符号。

① 在系统类型上单击鼠标右键，然后单击"类型属性"。

② 在"类型属性"对话框中，执行下列一项或多项操作：

对于"材质"，单击 ⬚ "浏览"，在"材质浏览器"中，选择一种材质，然后单击"确定"；

对于"计算"，选择"全部""仅流量"或"无"；

对于"缩写"，输入文字以用于系统缩写，系统缩写是指在系统名称中使用的前缀；

对于"上升/下降符号"，单击 ⬚ ，在"选择符号"对话框中选择一个符号，然后单击"确定"。

3.6　案 例 分 析

(1) 项目名称

太原市某研究生宿舍楼室内采暖设计，其如图 3-32 所示。

(2) 项目概况

本工程为太原市一栋四层的研究生宿舍楼，其中有寝室、收发室、储藏室、大厅等功能用途的房间。楼层层高为 3.1m，一楼建筑面积为 497m²，二至四楼每层建筑面积为 480m²，总建筑面积为 1937m²。

(3) 设计室内参数

根据建筑物所在城市——太原市，查《实用供热空调设计手册》，选用寝室和收发室室内设计温度为 18℃，大厅、走廊和楼梯间设计温度 16℃，储藏室设计温度为 15℃。采用以供水温度为 95℃，回水温度为 70℃ 的热水作为采暖热媒，外网资用压力 20kPa，为宿舍楼设计供暖系统。

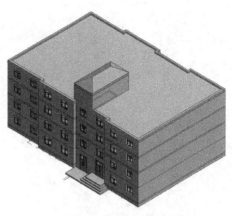

图 3-32 宿舍楼建筑模型

(4) 热负荷计算

本工程热负荷包括维护结构基本耗热量及附加的耗热量、门窗缝隙渗入冷空气的耗热量、外门开启侵入等，通过计算，一层楼热负荷计算结果为 15716.7W，二层楼热负荷计算结果为 9445.2W，三层楼热负荷计算结果为 9445.2W，四层楼热负荷计算结果为 16026.8W，总热负荷 50633.9W。

(5) 采暖系统的选择与确定

考虑到本工程的实际规模和施工的方便性，设计采用机械循环、垂直式上供下回、单管制顺流同程式系统。散热片安装形式为同侧的上供下回，散热器明装，上部有窗台板覆盖。计算散热器面积时，不考虑管道向室内散热的影响。根据建筑结构形式，布置干管和立管，为每个房间分配散热器。且回水干管坡度不应小于 0.003，方向应与水流方向相同。该采暖系统有南北分环，容易调节；各环路的供回水干管管径较小。系统分为 2 个分支环路，将供水干管的始端放置在朝北向的一侧，而末端设在朝南向一侧，如图 3-33 所示。

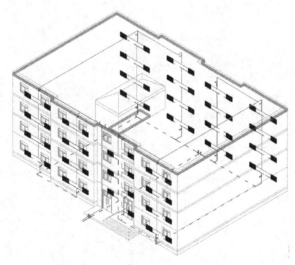

图 3-33 宿舍楼供热系统模型

(6) 散热器的选型

考虑到散热器的耐用性和经济性，本工程选用铸铁柱型散热器。结合室内负荷，选择铸铁 M132 型散热器。它结构简单，耐腐蚀，使用寿命长，造价低，传热系数高；金属热强度大，易消除积灰，外形比较美观。多数散热器安装在窗台下方，距窗台底 80mm，表面刷银粉。

(7) 管道的布置

供回水干管设置在管道井中，每个用户都从干管上接出一个支管，而形成各自的独立环路以便于分户计量。本设计入户的支管均设置在研究生宿舍楼底层内，本系统散热器支管的布置形式为单管顺流式同侧连接，且支管均保证为 0.01 的坡度，以便于排除散热器内积存的空气，便于散热。

第4章
通风及空调工程BIM
设计与案例分析

本章要点

风管类型设置

绘制风管

添加及修改管件、附件和设备

风管显示设置

风管系统

案例分析

4.1 风管类型设置

风系统包括空调风系统、通风系统及防排烟系统，同时根据空气的输送方向又可分为送风系统、回风系统和排风系统。

绘制风管前，首先进行风管设置。单击"管理"选项卡→"设置"面板→"MEP设置"下拉列表→选择"机械设置"，即可弹出"机械设置"对话框，其中包括"风管设置"，如图 4-1 所示，与第 3 章进入"管道设置"对话框路径一致，或直接单击"系统"选项卡中"HVAC"面板右下角的小箭头，即可弹出"机械设置"对话框，如图 4-2所示。

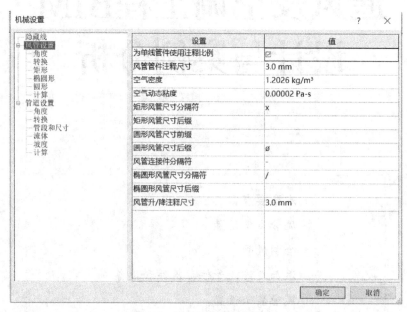

图 4-1　机械设置中风管设置

4.1.1　风管设置

"风管设置"窗格包含下列设置。

• 为单线管线使用注释比例：指定是否按照"风管管件注释尺寸"参数所指定的尺寸绘制风管管件。修改该设置时并不会改变已在项目中放置的构件的打印尺寸。

• 风管管件注释尺寸：指定在单线视

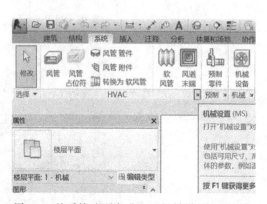

图 4-2　从系统选项卡进入"机械设置"对话框

图中绘制的管件和附件的打印尺寸。无论图纸比例为多少，该尺寸始终保持不变。

- 空气密度：该参数用于确定风管尺寸。
- 空气动态黏度：该参数用于确定风管尺寸。
- 矩形风管尺寸分隔符：指定用于显示矩形风管尺寸的符号。例如，如果使用"×"，则高度为 12 in（1 in＝25.4mm）、深度为 12in 的风管将显示为 12″×12″。
- 矩形风管尺寸后缀：指定附加到矩形风管的风管尺寸后的符号。
- 矩形风管尺寸前缀：指定前置于矩形风管的风管尺寸的符号。
- 风管连接件分隔符：指定用于在两个不同连接件之间分隔信息的符号。
- 椭圆形风管尺寸分隔符：指定用于显示椭圆形风管尺寸的符号。例如，如果使用"×"，则高度为 12 in、深度为 12 in 的风管将显示为 12″×12″。
- 椭圆形风管尺寸后缀：指定附加到椭圆形风管的风管尺寸后的符号。
- 风管升降注释尺寸：指定在单线视图中绘制的升/降注释的打印尺寸。无论图纸比例为多少，该尺寸始终保持不变。

4.1.2　角度

- 使用任意角度：可让 Revit 使用管件内容支持的任意角度。
- 设置角度增量：指定 Revit 用于确定角度值的角度增量。
- 使用特定的角度：启用或禁用 Revit 使用特定的角度。

4.1.3　转换

在选择"转换"后可以指定参数，在使用"生成布局"工具时这些参数用来控制为"干管"和"支管"管段所创建的高程、风管尺寸和其他特征。

【注意】　也可以在为系统管网创建布线解决方案时，通过选项栏的"设置"按钮访问"转换设置"。

（1）干管

可以指定每种系统分类（排风、送风和回风）中干管风管的以下默认参数。

- 风管类型：这是干管管网的默认风管类型。
- 偏移：这是当前标高之上的风管构件高度。

（2）支管

可以指定每种系统分类（排风、送风和回风）中支管风管的以下默认参数。

- 风管类型：这是支管管网的默认风管类型。
- 偏移：这是当前标高之上的风管构件高度。
- 软风管类型：这是支管管网的默认软风管类型（"圆形软风管：软管-圆形"或"无"）。
- 软风管最大长度：这是在支管管网的布线解决方案中可用的软风管管段的最大长度。

4.1.4 矩形

如果选择"矩形"，右侧面板将列出项目可用的矩形风管尺寸，并显示出可以从选项栏指定的尺寸。虽然此处只有一个值可用于指定风管尺寸，但可将其应用于高度、宽度或同时应用于这两者。通过"删除尺寸"按钮可从表中删除选定的尺寸。"新建尺寸"按钮可以打开"风管尺寸"对话框，用以指定要添加到项目中的新风管尺寸。

4.1.5 椭圆形

同上操作。

4.1.6 圆形

同上操作。

对于"风管尺寸"，可以选择如何使用尺寸值。

(1) 用于尺寸列表

如果选定作为特定的风管尺寸，该尺寸会在 Revit 中的所有列表中出现，包括风管布局编辑器、风管修改编辑器、软风管和软风管修改编辑器。如果被清除，该尺寸将不在这些列表中出现。

(2) 用于调整大小

如果选定作为特定的风管尺寸，Revit 将根据计算的系统气流决定风管尺寸。如果被清除，该尺寸不能用于调整大小的算法。

4.1.7 计算

在选择"计算"后，可以指定为直线管段计算风管压降时所使用的方法。在"压降"选项卡中，从列表中选择"计算方法"。计算方法的详细信息将显示在说明字段。

如果有第三方计算方法可用，将显示在下拉列表中。

4.2 绘制风管

4.2.1 绘制水平风管

(1) 方法一

① 打开放置水平风管所在的视图，进入水平风管基准标高。

② 单击"系统"选项卡→"HAVC"面板→"风管"命令，或直接输入快捷键"DT"。

③ 在"类型选择器"中，选择所要绘制水平风管的系统类型（包括回风、送风和排风）。并指定水平对正和垂直对正方式，还可以重新修改参照标高和偏移量。

【提示】 在同一项目中，一般同类型管道的对正方式及基准标高应相同。

④ 在选项栏上，指定水平风管的宽度、高度。

⑤ 在"放置工具"选项卡中，选择自动连接的方式。

⑥ 在"标记"选项卡中，根据需要确认已选中"在放置时进行标记"，以自动标记水平管（在管道类型中可设置标记方式）。

⑦ 在绘图区域中，单击指定水平管路的起点，然后移动光标，并单击指定管路上的点，见图4-3。

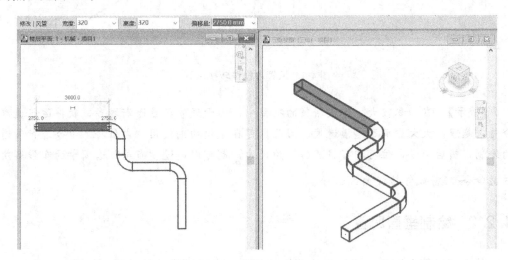

图4-3　绘制水平风管

(2) 方法二

① 打开放置水平风管所在的视图，进入水平风管基准标高。

② 单击"系统"选项卡→"HAVC"面板→"风管占位符"命令。

③ 在"类型选择器"中，选择所要绘制水平风管的系统类型（包括回风、送风和排风），并指定参照标高和偏移量。

④ 在选项栏上，指定水平风管的宽度、高度。

⑤ 在"放置工具"选项卡中，选择自动连接的方式。

⑥ 在"标记"选项卡中，根据需要确认已选中"在放置时进行标记"，以自动标记水平管（在管道类型中可设置标记方式）。

⑦ 在绘图区域中，单击指定水平管路的起点，然后移动光标，并单击指定管路上的点。

⑧ 按绘制风管的方法绘制好风管占位符后，依次选中所有风管占位符，单击"修改/风管占位符"选项卡中"编辑"面板的转换占位符命令，即可将风管占位符转换为风管，见图4-4。

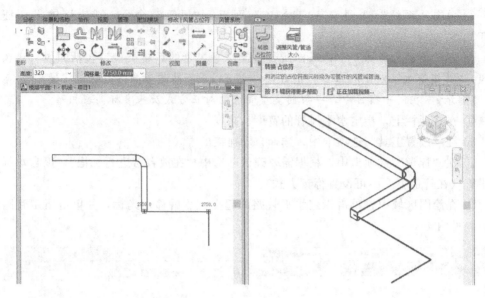

图 4-4　风管占位符转换风管

【提示】　在面积较大、管线密集的项目中，由于风管数量逐渐增多，软件运行速度会越来越慢，大大影响了建模速度。因此，可在建模初期使用"占位符"命令进行管道的绘制，然后通过占位符即可将其转换为风管，也可以通过"布局"选项卡的布线解决方案命令 将风管转换为占位符。

4.2.2　绘制垂直风管

单击"风管"命令，或输入快捷键"DT"，修改风管的尺寸值、标高值，绘制一段风管，然后输入变高程后的标高值；继续绘制风管，在变高程的地方就会自动生成一段风管的立管。立管的形式因弯头的不同而不同。图 4-5（a）、（b）为立管的两种形式。

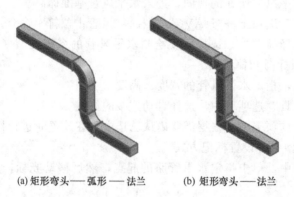

(a) 矩形弯头——弧形——法兰　　　　(b) 矩形弯头——法兰

图 4-5　垂直风管

【提示】　与水平风管一样，也可通过风管占位符绘制。

4.3 添加及修改管件、附件和设备

4.3.1 添加及修改管件

打开要添加风管管件（弯头、T形三通、四通、端点加盖等）的风管系统的视图。单击"系统"选项卡→"HVAC"面板→"风管管件"命令，然后在类型选择器中选择一个所需的管件类型。

(1) 绘制主风管

先绘制一段风管，然后进行尺寸、标高、对齐、偏移量等的修改设置，见图4-6。

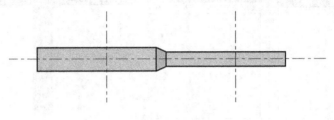

图 4-6　主风管

(2) 绘制支管

在主风管上任意位置绘制风管，偏移量与主管一致，即可生成连接的支管段，如图 4-7所示。

(3) 绘制三通，四通

风管的三通、四通的绘制方法有2种。

①方法一　先放置管件，调节管件的各个口的管径，管径值可以直接在"属性"中各对应的"风管高度"和"风管宽度"中输入，也可以直接点击视图中需要改变的管径值，直接改写。再以管件的一端为起点绘制其他的风管，如图4-8所示。

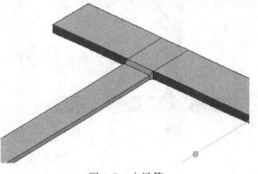

图 4-7　支风管

②方法二　先绘制一段风管，然后绘制与之相垂直的另一段风管，使这两段风管的中心线相交，则自动生成三通和四通，如图4-9所示这种方法比较常用。

(4) 绘制相同标高风管时的避让问题

先绘制被避让的风管，然后进行变高程绘制需要避让的风管，如图4-10所示。

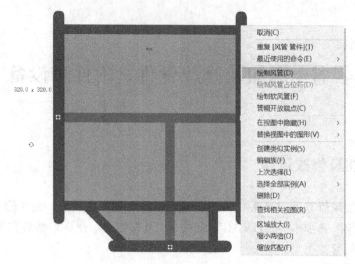

图 4-8　放置管件绘制风管

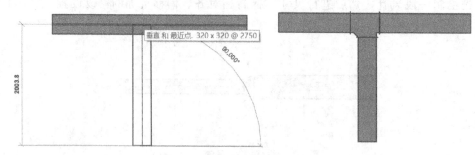

图 4-9　绘制交叉管段生成三通

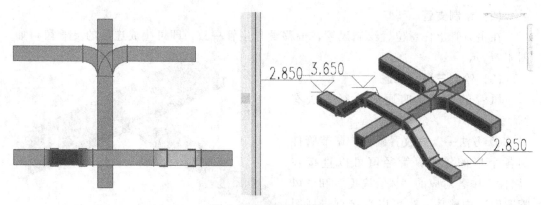

图 4-10　风管避让绘制

4.3.2　添加及修改附件

风管附件包括防火阀、调节阀、软连接、过滤器、风阀、测压装置等。

（1）添加方法

单击"常用"选项卡下的"HVAC"面板上的"风管附件"命令，自动弹出"放置风管附件"上下文选项卡。在类型选择器中选择要添入的风管附件,在绘图区域中需要添加附件的风管合适的位置的中心线上单击鼠标左键,即可将附件添加到风管上。另外,在单击放置附件前,指定风管附件高程。在"属性"选项板中,输入"偏移量"值,以指定风管附件的高程,如图 4-11 所示。

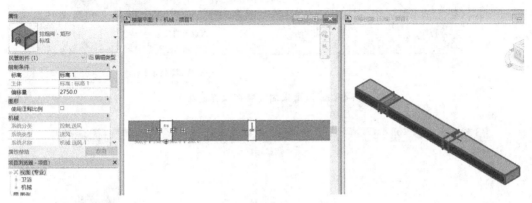

图 4-11 风管附件的添加

(2) 修改方法

可以选中要修改的附件,在"属性"栏里选择其他附件,可以进行替换。点击"编辑类型"弹出"类型属性"对话框,可以对选中附件的参数进行修改。如图 4-12 所示,以"排烟阀-矩形"为例,点击"复制"可以新建一种排烟阀类型,在"材质和装饰""尺寸标注"和"标识数据"等栏中,可以输入附件的相关参数。

4.3.3 添加末端设备

① 打开要添加风道末端的风管系统的视图。

② 单击"系统"选项卡→"HVAC"面板→"风道末端"命令,然后在类型选择器中,选择一个风道末端类型。

图 4-12 排烟阀的修改

③ 若要在风管端面上直接放置风道末端,可单击"修改/放置风道末端"选项卡→"布局"面板→"风道末端安装在风管上"命令,如图 4-13 所示。在一张视图上,鼠标在要添加末端装置的风管上移动,确定好位置后,单击鼠标左键完成末端定位,如图 4-14所示,在一根风管的断面和底面,各添加一个风口,效果即是如此。

④ 可以在风管上放置新的风道末端,或拖曳现有的风道末端,将其放置在风管上。

图 4-15 为多个风道末端安装在风管上。

图 4-13　风道末端安装在风管上命令

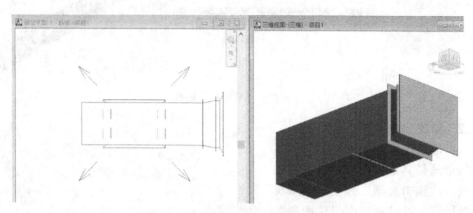

图 4-14　风道末端安装到风管上效果图

图 4-15　多个风道末端安装在风管上

4.3.4　添加机械设备

(1) 放置空调机组

载入项目中所需机械设备，以"AHU-卧式-顶出后送式-2000-9000 CMH"机组为例。

单击"系统"选项卡中"机械设备"面板的机械设备命令，在类型选择器中选择"AHU-卧式-顶出后送式-2000-9000 CMH"机组，如图 4-16 所示。然后在绘图窗口将鼠标移动到合适位置，在选项栏中选择机组"偏移量"，单击鼠标左键，即可将空调机组添加到此项目中（也可以选择"修改/机械"选项卡中的修改面板的命令修改机组位置）。

除了这种方法以外，还可以单击"插入"选项卡中的"载入族"命令选择族文件中的其他机械设备机组，单击"打开"，也可将该族载入到项目中来。

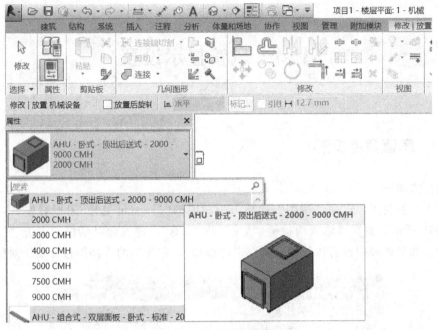

图 4-16　选择放置的机械设备

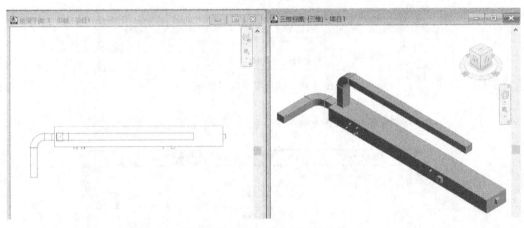

图 4-17　绘制与机组相连的风管

（2）绘制风管

　　选择"AHU-卧式-顶出后送式-2000-9000 CMH 机组"，鼠标右键单击风管接口，选择"绘制风管"即可绘制与机组相连接的风管。如图 4-17 所示，在机组的新风管和回风管接管处，绘制出与之相连的两段风管。

　　【注意】　在放置排风机时与放置机组不同，排风机的绘制方法是直接添加到布置好的风管上，如图 4-18 所示。

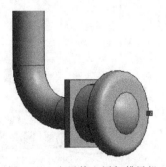

图 4-18　在风管上添加排风机

4.4 风管显示设置

4.4.1 风管颜色设置

(1) 方法一

进入平面视图，点击"视图"选项卡→"图形"→"可见性/图形替换"对话框，如图 4-19 所示，或直接输入快捷键"VV"或"VG"，进入此对话框。点击"过滤器"选项卡。如果列表中没有风管项，则点击"添加"，在弹出的"添加过滤器"对话框内，

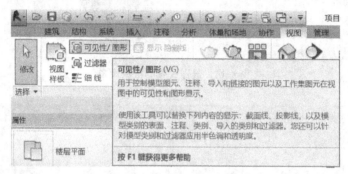

图 4-19 调出可见性对话框

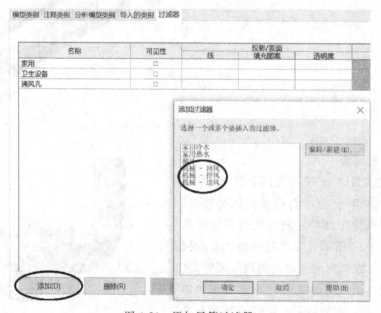

图 4-20 添加风管过滤器

选择需要的风管项，加载到列表中，如图 4-20 所示。若列表中已有送风、回风、排风的过滤器，则忽略以上步骤。选中某一个过滤器名称，单击图 4-20 界面中的"编辑/新建"命令，设置过滤器属性，如图 4-21 所示。过滤器"类别"设置，是指对该过滤器所关联的部分是否与其同时被过滤的设置，例如设置"回风管"过滤器，在类别中，可以选择是否包括风管、风管附件，风管占位符等；设置"过滤器规则"，是指限定过滤器筛选时的逻辑原则，例如，对于"回风管"，规则中设计为过滤所有"系统分类"中"包含""回风"中的风管，如图 4-22 所示，表示一旦风管的属性中"系统分类"里包含"回风"这两个字，那该风管就被过滤器选中，图形具有"回风管"可见性的一致设置。

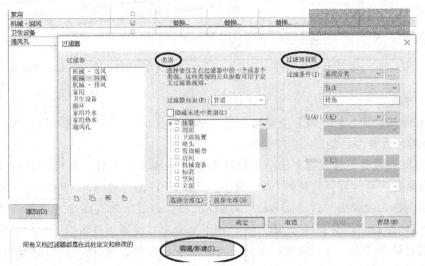

图 4-21　编辑风管过滤器

设置完成后，单击"确定"按钮。此时过滤器设置完成，但图形的可见性设置在如图 4-23 所示的界面中，以"机械-回风"为例，为其设置"投影/表面"中"线"，点击"替换"，在弹出的对话框中，为该过滤器选择"线"的宽度、颜色和填充图案，如图 4-24 所示，其他项的设置类似，不再赘述。以上设置均完成后，点击"可见性"对话框中的"确定"，此时已被勾选的风管和管件就会被着色，并呈现出以上的设置。如图 4-25 所示，这是设置了不同颜色的风管。

【提示】　在三维视图和二维视图中都可设置其可见性的效果，且在二维视图中设置好颜色在三维视不同步显示，在三维视图中设置好颜色二维视图亦不同步，如有需要，可在各视图中分别设置。

图 4-22　编辑风管过滤器规则

名称	可见性	投影/表面			截面		半色调
		线	填充图案	透明度	线	填充图案	
家用	☐						☐
机械 - 回风	☑	替换...	替换...	替换...			■
卫生设备	☐						☐
通风孔	☐						☐

图 4-23　编辑风管过滤可见性

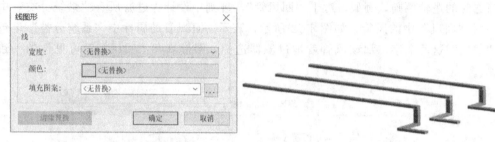

图 4-24　编辑可见性线图形　　　　图 4-25　不同颜色风管可见性效果

(2) 方法二

① 在绘图之前，打开风管类型属性器，单击"复制"，分别新建回风、送风、排风3 个类型的风管类型，如图 4-26 所示。

② 过滤器设置。此处与方法一中过滤器设置步骤基本一致。用户可自行练习，区别之处是新建一个"回风过滤器"，如图 4-27 所示，点击"过滤器"对话框中名称列表下圈出的图标，会弹出"过滤器名称"对话框，"名称处"输入新建过滤器的名字"回风过滤器"，选择"定义条件"，确定后，接下来弹出过滤器条件窗口，在"类别"设置中，勾选过滤器类别（包括风管、风管内衬、风管占位符、风管管件、风管附件、风管隔热层和风道末端），"过滤器规则"设置中，选择过滤器过滤条件为"系统名称"→"包含"→"回风"，至此，"回风过滤器"设置完成。

③ 可见性设置。单击"视图"选项卡中"图形"面板的可见性命令，弹出"三维视图：〈三维〉的可见性/图形替换"窗口。选择过滤器，单击"添加"，选择新建的回风过滤器，单击"确定"。选中添加的回风过滤器，单击填充图案的替换，选择要显示的填充图案（实体填充）和颜色（蓝色），单击"确定"，见图 4-28。用同样方法新建送风过滤器、排风过滤器，即可将风管颜色通过过滤器换成指定颜色。

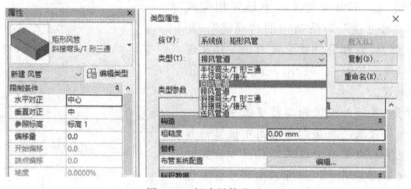

图 4-26　新建风管类型

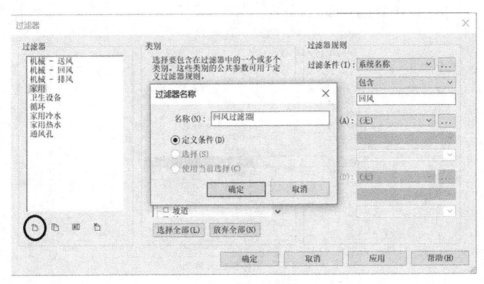

图 4-27 新建过滤器

名称	可见性	投影/表面			截面		半色调
		线	填充图案	透明度	线	填充图案	
回风过滤器	☑						☐
机械 - 排风	☑						☐
机械 - 送风	☑						☐

图 4-28 过滤器可见性设置

4.4.2 风管标注设置

(1) 按类别标记

打开所要标记图元的平面视图，单击"注释"选项卡→"标记"面板→"按类别标记"，然后在选项栏中勾选引线（将标记符号用引线引出后标记），根据需要选择附着端点（引线始终为直线）或者自由端点（可随意改变引线形状），选择附着端点时，还可以选择引线的长度。如图 4-29 所示，由上至下分

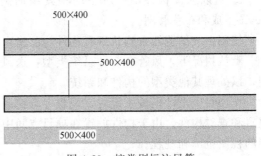

图 4-29 按类别标注风管

别为附着端点引线标记、自由端点引线标记和没有引线标记。

(2) 全部标记

打开所要标记图元的二维视图，可一步将标记添加到多个图元中。平面视图下，单击"注释"选项卡→"标记"面板→"全部标记"，弹出的对话框如图 4-30 所示，在"类别"列表下，选择未标记的对象类别，标注命令默认对"当前视图中的所有对象"进行选中类别的标注。

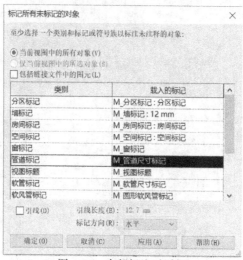

图 4-30　全部标注对话框

4.5　风 管 系 统

风管系统是便于对管网的流量和大小进行计算的逻辑实体。将风道末端和机械设备放置到项目中之后，就可以创建送风、回风和排风系统，以连接风管系统的各个构件。

可采用以下 2 种方法来创建风管系统。

① 最初将风道末端和机械设备放置到项目中时，它们不会被指定给任何系统。而当添加风管以连接构件时，它们将自动指定给系统。

② 可以选择构件，然后手动将其添加到系统。在构件都指定给系统后，可以让Revit 生成和布置管网。

使用系统浏览器来确认所有构件均已指定给正确的风管系统。

默认情况下，风管有 3 种系统类型：送风、回风和排风。可以创建自定义的系统类型，以处理其他类型的构件和系统。

在项目中设计机械系统时，规程专有视图至关重要。通过这些视图，可以在系统中放置和查看构件。由于构件放置在项目空间中的特定高度，因此创建的视图应该指定适当的视图范围和规程。

风管系统的创建与设置和管道系统一致，具体操作参见 3.5。

4.6　案 例 分 析

以《某超市空调工程设计》为例，对通风和空调工程风管设计案例进行分析。该超市基本建筑概况是，单层独栋建筑，层高为 3.6m，建筑面积为 930m²。各房间功能分为服装专柜、精品屋及商务中心。建筑模型如图 4-31 所示。

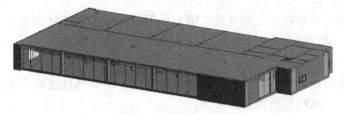

图 4-31　超市建筑模型

设计之初收集建筑的原始资料，包括土建资料和超市所在地气象资料等。然后根据房间的墙体类型、窗的类型及人员密度、灯光等情况进行相关负荷计算。然后确定空调房间的送风量、新风量，再确定所选的空调系统，进行空气处理过程的分析与计算，确定管道阻力、管道尺寸、风口个数等。之后确定制冷机组合适的型号，布置空调房间。

4.6.1　案例工程空调负荷计算

(1) 冷负荷

冷负荷包括 956.03W 的外墙冷负荷、2160.87W 的屋面冷负荷、630.74W 的透过玻璃进入的日射得热引起的冷负荷、1425.45W 的玻璃窗瞬变引起的冷负荷、51013.02W 的人体散热引起的冷负荷和 12203.2W 的照明散热引起的冷负荷。

(2) 热负荷

热负荷包括 1016.23W 的围护结构基本热负荷、基本热负荷的附加（朝向修正、风力附加、高度附加）、冬季房间的总耗热量。

(3) 湿负荷

本设计室内湿负荷只有人体散热量。

4.6.2　案例工程风量计算

(1) 确定送风状态点及送风量

送风状态点的确定（夏季）由房间冷负荷、总余湿量、室内温度、相对湿度和房间功能等确定。

送风量由消除房间余热量和余湿量及送风温差确定。

(2) 气流组织

送风口均匀布置在房间中，大小及个数确定按风口设计风速 $v=5\text{m/s}$ 进行计算，选用 400mm×320mm 的矩形散流器，颈部面积为 0.1406m²。

回风量根据送风量和新风比计算，回风口布置在空间两侧合理的位置，满足风速和回风量的要求，选用单层百叶回风口，回风口风速小于 5m/s，回风口尺寸为 800mm×200mm。

4.6.3　案例工程设备选型

根据各管段的风景和选定的流速，确定最不利环路各管段的断面尺寸及沿程阻力、局部阻力计算，最后选用 4-72 型 NO.3.6A 离心式风机，配用 Ygos-41.1kW 的电动机为动力源。

根据冷热负荷值，确定 zk-20 组合式空调机组，由混合过滤段、表冷段、中间段、加热段、加湿段、风机段组成。

4.6.4　案例通风及空调工程模型

该案例中空调工程采取的是一次回风系统，送风分为 2 根支管，将房间所需的风量通过 16 个均匀布置的送风口送入，2 根回风管连接 7 个回风口，将回风量送入组合式空调机组内，而且，建筑内还设有卫生间排风系统，在排风管上设置 1 台离心风机增压排风。风管模型如图 4-32 所示。

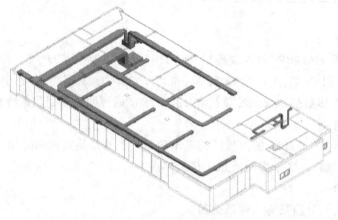

图 4-32　通风及空调工程模型

第5章
消防工程BIM设计
与案例分析

本章要点

消防管道系统类型介绍

创建消防系统

布置消防管道

案例分析

5.1 消防管道系统类型介绍

消防管道是指用于消防方面，连接消防设备、器材，输送消防灭火用水、气体或者其他介质的管道材料。由于特殊需求，消防管道的厚度与材质都有特殊要求，并喷红色油漆，输送消防用水。Revit 中提供"系统分类"，用于定义管道的功能，对管道系统进行管理。管道系统中预定义了卫生设备、家用冷水、家用热水、循环供水、循环回水、干式消防系统、湿式消防系统、预作用消防系统、其他消防系统以及通风孔等 11 种系统分类，系统分类无法增加、无法删除，但可以根据项目中的需要，基于某一个系统分类增加系统类型。接下来，通过 Revit 提供管道系统类型工具，允许用户使用该工具创建不同形式的管道系统类型。接下来通过实际操作学习如何定义消防给水系统。

5.2 创建消防系统

5.2.1 创建消火栓系统

(1) 消防构件族

在进行消防系统布置时，要用到相关的构件族。Windows 7 操作系统中，在默认安装的情况下，Revit MEP 自带的构件族都存放在以下路径：C：\ ProgramData \ Autodesk \ RVT \ Libraries \ China \ 。

在新建项目中单击"系统"→"机械设备"→"载入族"，加载和消火栓系统有关的构件，如消火栓箱、阀门、管件等，见图 5-1。

图 5-1　加载和消火栓系统有关的构件

(2) 消火栓系统管道配置

① 单击"项目浏览器"，单击"族"下拉列表，在列表中找到"管道系统"工具，单击"＋"号，打开管道系统下拉列表，见图 5-2。

② 在管道系统中的"其他消防系统"分类下新建一个系统类型。选择"其他消防系统"，单击右键，在弹出列表中选择"复制"选项，会自动生成名称为"其他消防系

统 2"的管道系统类型。将此管道系统类型重命名为"消防给水系统",见图 5-3。

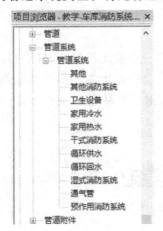

图 5-2 "管道系统"下拉列表

图 5-3 重命名管道系统(一)

5.2.2 创建自动喷水灭火系统

(1) 喷淋构件族

在进行喷淋系统布置时,要用到相关的构件族。Windows 7 操作系统中,在默认安装的情况下,Revit MEP 自带的构件族都存放在以下路径:C:\ProgramData\Autodesk\RVT\Libraries\China\。

在新建项目中单击"系统"→"机械设备"→"载入族",加载和消火栓系统有关的构件,如喷头、阀门、管件等,见图 5-4。

图 5-4 加载和消火栓系统有关的构件

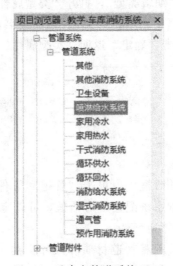

图 5-5 重命名管道系统(二)

（2）喷淋系统管道配置

① 单击"项目浏览器"，单击"族"下拉列表，在列表中找到"管道系统"工具，单击"＋"号，打开管道系统下拉列表，见图 5-2。

② 在管道系统中的"其他消防系统"分类下新建一个系统类型。选择"其他消防系统"，单击右键，在弹出列表中选择"复制"选项，会自动生成名称"其他消防系统 2"的管道系统类型。将此管道系统类型重命名为"喷淋给水系统"，见图 5-5。

5.3 布置消防管道

5.3.1 布置消火栓管道

（1）配置管道

在 Revit 中，"管道"属于系统族，可以在管道"类型属性"对话框中，用"复制"命令新建不同类型的管道，并在布管系统布置中定义消防管道的材质、尺寸以及绘制过程中自动生成的管件。

图 5-6 进入管道绘制状态

① 单击"系统"选项卡"卫浴与管道"面板中"管道"命令，进入管道绘制状态，见图 5-6。

② 单击"属性"面板中"编辑类型"，打开"类型属性"对话框，见图 5-7。

③ 在"类型属性"对话框中，单击"复制"，新建名称为"消防给水"的管道类型，如图 5-8 所示，完成后单击"确定"返回"类型属性"对话框。

图 5-7 类型属性

图 5-8 新建管道类型

④ 在管道"类型属性"对话框中，单击"管道和管件"列表下"布管系统配置"参数后的"编辑"，弹出"布管系统配置"对话框，可以定义消防给水管道的材质、大小以及管道绘制过程中生成的管道配件。

⑤ 首先配置"消防给水"所需管道材质和尺寸，在"布管系统配置"对话框中，单击"管段"，在下拉列表中选择管道材质和尺寸。

⑥ 配置完管段材质以后，开始设置"消防给水"管道中所需要使用的管道尺寸，见图5-9。

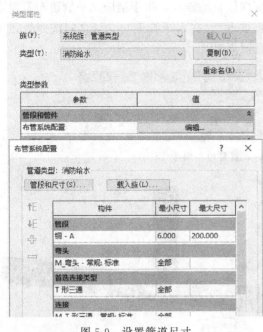

图 5-9　设置管道尺寸

（2）布置消防立管

① 单击"系统"选项卡"工作平面"面板中"参照平面"（图5-10），进入"修改/放置参照平面"，在"绘制"面板中选择参照平面的绘制方式"直线"，选择水平参考平面，与墙表面之间显示临时尺寸标注。

② 使用"绘制管道"工具，在"属性"面板"类型选择器"下拉列表中，选择"消防给水"管道类型，移动光标捕捉至绘图区域两参照平面的交点位置，单击"确定"作为管道布置的起点。

在绘制管道时，可在"属性"面板单击"编辑类型"进入"布管系统配置"选项卡选择管道直径，可用直径列表均由管道的类型属性中给出，见图5-11。

图 5-10　单击"参照平面"

(a)

(b)

图 5-11　管道属性与系统配置

(3) 布置消防水平管道

① 在"修改/放置管道"面板中，选择"自动连接"，当捕捉到立管时，水平管与支管之间自动生成布管系统配置中定义的管件族自动连接，由于消防水平管道布置没有坡度，在"带坡度管道"面板中选择"禁止坡度"。在水平管道与立管之间按照管道布管系统配置中指定的三通类型进行连接，见图 5-12。

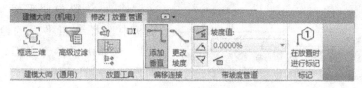

图 5-12 "修改/放置管道"面板

② 使用相同的管道参数，当捕捉至立管中心线时单击作为管道起点，捕捉立管中心线时，单击生成水平管道。Revit 将自动修改所选择管线的标高及该管线关联的三通管件，见图 5-13。

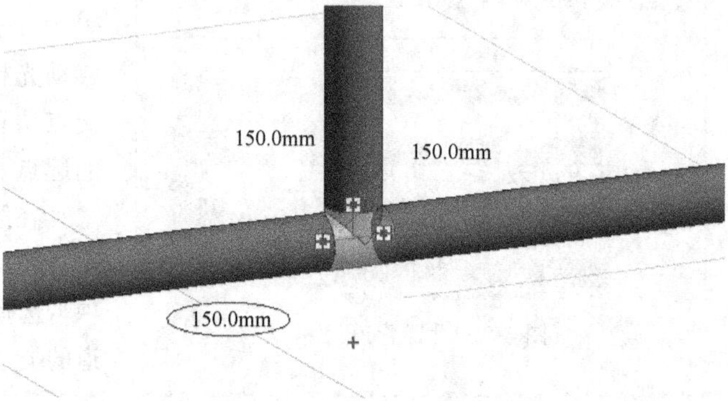

图 5-13 Revit 自动修改所选择管线的标高及该管线关联的三通管件

5.3.2 布置自动喷水灭火管道

(1) 设备布置

① 根据喷头布置间距要求，添加一些参照平面。可以用"阵列"命令快速便捷地完成参照平面的绘制，见图 5-14。

图 5-14 用"阵列"命令完成参照平面的绘制

② 将喷头添加到参照平面的交点上，通过"对齐"命令，将喷头约束在水平和竖直两个参照平面上，这样做可以通过移动参照平面轻松地批量调整喷头位置，同时有利于后续自动布局的管路连接，避免因喷头没有对齐而接管失败。

(2) 系统布管

和消防给水系统不同，喷淋管网可以利用"生成布局"功能完成初步布置。布局将针对同一系统中的图元生成。

① 选中布局的所有喷头，单击功能区中"修改/喷头"→"创建系统"下的"管道"，弹出"创建管道系统"的对话框，单击"确定"按钮，见图 5-15。

② 选中其中任意一个喷头，单击功能区中"修改/喷头装置"→"生成布局"，见

图 5-16。

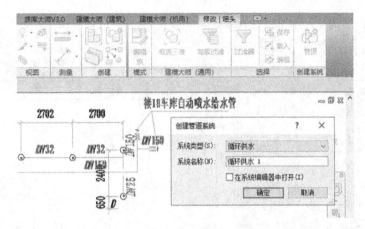

图 5-15 "创建管道系统"对话框

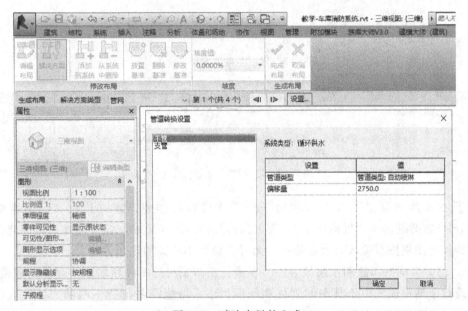

图 5-16 喷头布局的生成

③ 进入布局模式后，可以选择"解决方案类型"，对于喷头的布置，通常可以选择"管网"。"管网"提供干管水平布置和竖直布置 2 种方案类型。可以对干管和直管的管道类型和偏移量进行设置，管道类型宜选择事先配置好的喷淋管道，见图 5-17。

④ 单击"完成布局"，即可完成喷淋管道的初步布置。如果此时出现警告，可能是以下原因：第一，干管、支管标高设计不合理，导致空间不够；第二，管件尺寸偏大，导致空间不够；第三，喷头没有对齐，无法生成合理布局。需要根据实际情况进行排除并解决。布置完成后可以根据需要进一步手工调整管道位置，手动设置调整管道尺寸。

（3）系统标注

喷淋立管也可以通过添加注释的方法进行标注，具体办法参考消火栓立管的标注。可以通过单击功能区中"注释"→"全部标记"，非常迅速便捷地完成一个楼层的喷淋管道尺寸的标注，见图 5-18。

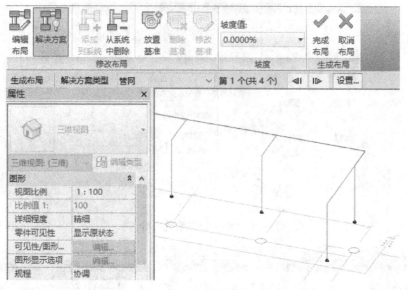

图 5-17　管道类型和偏移量设置

图 5-18　喷淋管道的尺寸标注

① 灭火器的设置　灭火器相对于来说比较容易创建，建议选用"公制常规模型 .rtf"，族类别选择"机械设备"。灭火器的几何形体较简单，容易创建。宜创建注释符号族作为图例嵌套载入灭火器族中，另外，该族不用添加连接件。

② 消防泵房的布置和水泵接合器　在进行消防泵房的布置和水泵接合器的连接时，只能通过手动完成。由于其中的管件和阀门很多，可能需要花费一些功夫。完成布置后，可以清晰地展现泵房相对复杂的管路，避免设计错误。

5.4　案例分析

5.4.1　项目简介

C 老年大学是 C 市的重点项目，基地用地面积为 43100m² 。此项目为集艺术剧场、展览馆、书画院、图书馆、游泳馆、文体活动、教学、多功能大厅、办公等功能为一体的综合性建筑。设计项目分为 A、B 2 个区，地下 1 层，地上 9 层，建筑总高度为40.30m，其中地下一层为设备用房及附属用房，地上部分为剧场、教学楼、游泳馆、办公楼、车库等。BIM 技术主要服务于 C 老年大学项目的整体管线优化及设备安装。

5.4.2　项目应用

　　针对 C 老年大学项目管线复杂、工期紧、基础设施可靠性要求高等特点，通过BIM 技术并结合现场施工的实际情况搭建建筑、结构、水暖、电气等全专业模型，通过对模型的分析解决了原设计中各系统管线的"错、漏、碰、缺"问题，为施工展开前期提供可靠的数据信息，将各系统管线最优化排布，大大减少了各系统管线在施工现场因碰撞问题而引起返工产生的人工、材料浪费等情况的发生，保证了施工工期及项目质量，为施工阶段及后期运维管理提供可靠的电子数据。通过BIM 技术可以直观反映施工现场情况，方便业主与各专业之间的沟通。而且通过四维施工模拟与施工组织方案的结合，能够使设备材料进场、劳动力配置

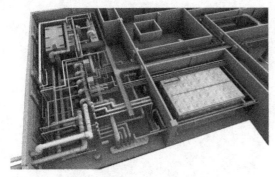

图 5-19　BIM 管线布置图

等各项工作的安排变得更为有效、经济，使业主能在第一时间了解现场的实际情况，为提高施工质量、把握施工进度等方面提供有利的数据信息，见图 5-19。

5.4.3　应用价值

　　利用 BIM 技术从规划设计、信息模型、管线综合、碰撞检查、施工模拟、后期运营维护等方面着手，帮助设计和施工单位解决了多个碰撞问题，运用 4D 技术改善了多处施工流程的错误，加快了施工进度，方便了业主的后期运维管理。

第6章

电气工程BIM设计
与案例分析

本章要点

电气设置

绘制电气系统

照明系统设计

配电系统设计

火灾自动报警系统设计

案例分析

6.1 电气设置

单击"管理"选项卡→"设置"面板→"MEP 设置"下拉列表→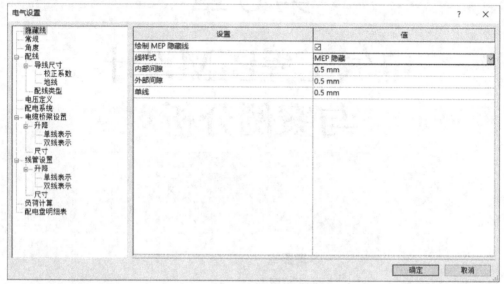"电气设置",打开电气设置,见图 6-1。

使用此对话框可以指定配线参数、电压定义、配电系统、电缆桥架和线管设置以及负荷计算和电路编号设置。

图 6-1 电气设置

6.1.1 隐藏线

如图 6-2 所示,"隐藏线"窗格包含下列设置。

•绘制 MEP 隐藏线:指定是否按为隐藏线所指定的线样式和间隙来绘制电缆桥架和线管。

•线样式:指定桥架段交叉点处隐藏段的线样式。

•内部间隙:指定交叉段内显示的线的间隙。

•外部间隙:指定在交叉段外部显示的线的间隙。

•单线:指定在分段交叉位置处单隐藏线的间隙。

6.1.2 常规

如图 6-3 所示,"常规"窗格包含下列设置。

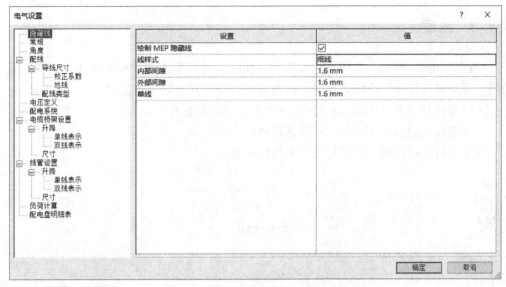

图 6-2 "隐藏线" 窗格

- 电气连接件分隔符：指定用于分隔装置的"电气数据"参数的额定值的符号。
- 电气数据样式：为电气构件"属性"选项板中的"电气数据"参数指定样式。
- 线路说明：指定导线实例属性中的"线路说明"参数的格式。
- 按相位命名线路-相位标签（A、B、C）：只有在使用"属性"选项板为配电盘指定按相位命名线路时才使用这些值。A、B 和 C 是默认值。
- 大写负荷名称：指定线路实例属性中的"负荷名称"参数的格式。
- 线路序列：指定创建电力线的序列，以便能够按阶段分组创建线路。
- 线路额定值：指定在模型中创建回路时的默认额定值。

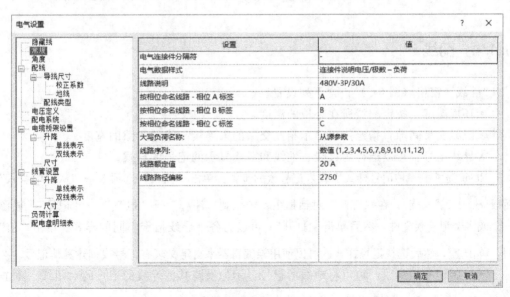

图 6-3 "常规" 窗格

6.1.3 角度

"角度"窗格（图 6-4）以指定在添加或修改电缆桥架或线管时要使用的管件角度。使用"传递项目标准"功能可以将管件角度的设置复制到其他项目中。

- 使用任意角度：Revit 将使用管件内容支持的任意角度。
- 设置角度增量：指定用于确定角度值的角度增量。
- 使用特定的角度：指定要使用的具体角度。

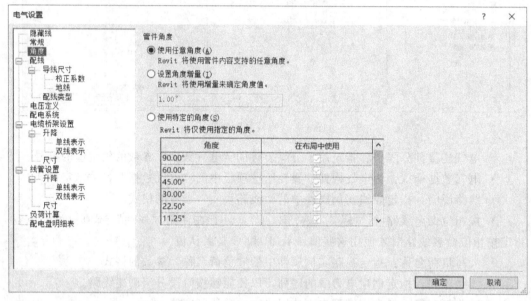

图 6-4 "角度"窗格

6.1.4 配线

"配线"窗格（图 6-5）包含下列设置。

- 环境温度：指定配线所在环境的温度。
- 配线交叉间隙：指定用于显示相互交叉的未连接导线的间隙的宽度。
- 导线记号：可以选择为火线、地线和零线显示的记号的样式。

Revit 提供了 4 种记号样式。载入记号族的步骤：单击"插入"选项卡→"从库中载入"面板→![icon]（载入族）；在"打开"对话框中，定位到"注释"→"电气"→"记号"；选择一个或多个记号族文件，然后单击"打开"。可以为各个导线指定不同的样式。单击"值"列，单击![icon]，然后选择记号样式。可以使用族编辑器来自定义现有记号或创建其他记号。

- 横跨记号的斜线：可以将地线的记号显示为横跨其他导线的记号的对角线，单击"值"列，单击![icon]，然后选择"是"，将此功能应用于记号。如果用户选择"否"，则显示为地线指定的记号。

- 显示记号：指定是始终隐藏记号、始终显示记号还是只为回路显示记号。
- 分支/馈线线路导线尺寸的最大电压降：电力和照明线路计算导线尺寸（基于线路的额定电流）以保持低于设置的百分比的电压降。

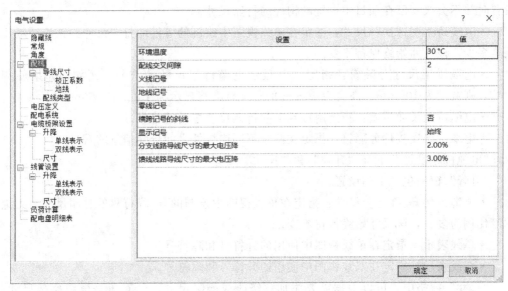

图 6-5　"配线"窗格

6.1.5　电缆桥架设置

Autodesk Revit 提供了两种不同的电缆桥架形式："带配件的电缆桥架"和"无配件的电缆桥架"。这两种方式作为两种不同的系统族，在各自的系统族下面有不同的类型。

单击功能区中"管理"→"设置"→"MEP 设置"→"电气设置"命令，打开对话框，选中"电缆桥架设置"，在右侧框内可对其参数进行具体设置，见图 6-6。

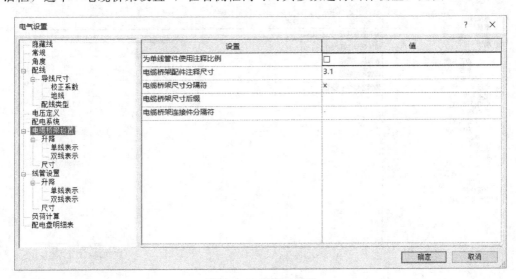

图 6-6　电缆桥架设置

图 6-6 中"电缆桥架设置"窗格包含下列选项。

• 为单线管件使用注释比例：指是否按照"电缆桥架配件注释尺寸"参数所指定的尺寸绘制电缆桥架管件，主要用来控制电缆桥架配件在平面视图中的单线显示。修改该设置时并不会改变已在项目中放置的构件的打印尺寸。

• 电缆桥架配件注释尺寸：指定在单线视图中绘制的管件的打印尺寸。无论图纸比例为多少，该尺寸始终保持不变。

• 电缆桥架尺寸分隔符：指定用于显示电缆桥架尺寸的符号。例如，如果使用"×"，则宽度为 100mm、高度为 50mm 的电缆桥架将显示为 100mm×50mm。

• 电缆桥架尺寸后缀：指定附加到电缆桥架尺寸之后的符号。

• 电缆桥架连接件分隔符：指定在两个不同连接件之间分隔信息的符号。

"电缆桥架设置"下有"升降"和"尺寸"2 项。

"升降"窗格包含下列设置。

• 电缆桥架升/降注释尺寸：指定在单线视图中绘制的升/降符号的打印尺寸。无论图纸比例为多少，该尺寸始终保持不变。

• 单线表示：指定在单线视图中使用的升符号和降符号。

• 双线表示：指定在双线视图中使用的升符号和降符号。

"尺寸"窗格中，可以根据需要添加、修改或删除尺寸。针对每个电缆桥架尺寸，"用于尺寸列表"参数指定该尺寸将显示在整个 Revit 内的列表中，包括电缆桥架布局编辑器和电缆桥架修改编辑器。

6.1.6 线管设置

"线管设置"窗格（图 6-7）包含下列选项。

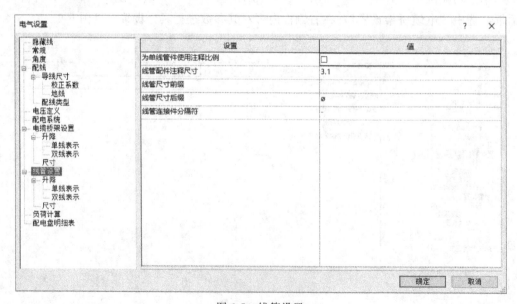

图 6-7 线管设置

• 为单线管件使用注释比例：指定是否按照"线管配件注释尺寸"参数所指定的尺寸绘制线管管件。修改该设置时并不会改变已在项目中放置的构件的打印尺寸。

• 线管配件注释尺寸：指定在单线视图中绘制的管件的打印尺寸。无论图纸比例为多少，该尺寸始终保持不变。

• 线管尺寸前缀：指定导管大小前面的符号。

• 线管尺寸后缀：指定附加到线管尺寸之后的符号。

• 线管连接件分隔符：指定用于在两个不同连接件之间分隔信息的符号。

"线管设置"下有"升降"和"尺寸"2项。

"升降"窗格包含下列设置。

• 管线升/降注释尺寸：指定在单线视图中绘制的升/降符号的打印尺寸。无论图纸比例为多少，该尺寸始终保持不变。

• 单线表示：指定在单线视图中使用的升符号和降符号。

• 双线表示：指定在双线视图中使用的升符号和降符号。

"尺寸"窗格中，使用"尺寸"表可以指定能在项目中使用的线管标准（类型）和相关的管线尺寸。

可以根据需要添加或修改标准，以及添加、修改或删除尺寸。

对于每个管线尺寸，尺寸表指定下列参数（图 6-8）：规格；内径（ID）；外径（OD）；最小弯曲半径；用于尺寸列表。指定尺寸将显示在整个 Revit 内的列表中，包括管线布局编辑器和管线修改编辑器。

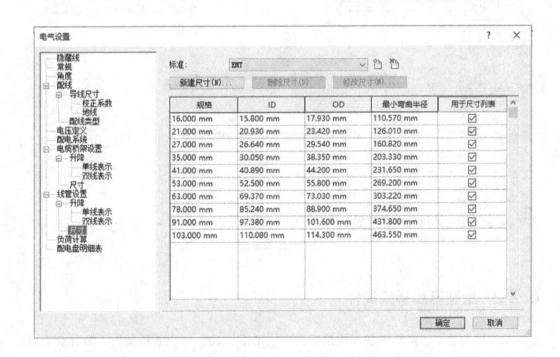

图 6-8　尺寸设置

6.2 绘制电气系统

6.2.1 绘制电缆桥架

① 打开要放置电缆桥架的视图。

② 单击"系统"选项卡→"电气"面板→ "电缆桥架"。

③ 在"类型选择器"中，选择电缆桥架类型（带配件或不带配件）。

④ 在选项栏上，指定宽度、高度、偏移量或弯曲半径。

⑤ 在功能区上，确认已选中"在放置时进行标记"，以自动标记电缆桥架。

⑥ 在功能区上，选择放置选项。

⑦ 在绘图区域中，单击指定电缆桥架管路的起点，然后移动光标，并单击指定管路上的点，见图6-9。

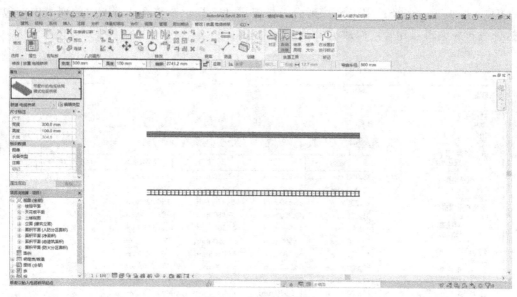

图6-9 电缆桥架绘制

6.2.2 绘制电缆桥架配件

绘制电缆桥架，需要先载入桥架配件族，见图6-10。当绘制桥架时，软件会自动添加管件。使用下列步骤可将电缆桥架管件手动添加到现有管段或管路。

① 单击"系统"选项卡→"电气"面板→"电缆桥架配件" 。

② 载入"电缆桥架配件"族。

③ 从"类型选择器"中选择要放置的电缆桥架管件类型。

【提示】：在选项栏上，可以指定管件在放置时旋转。

④ 在绘图区域中，单击要放置管件的电缆桥架管段的端点。

⑤ 要结束此操作，可单击"修改"。

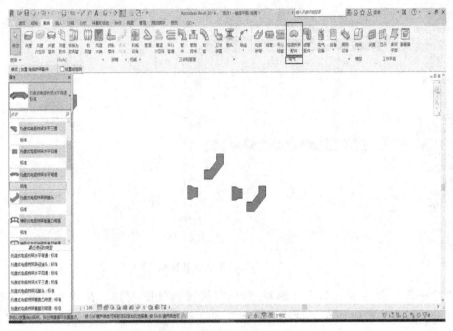

图 6-10　电缆桥架配件绘制

6.2.3　设置电气管线及桥架颜色

电气专业中的导线、桥架和线管没有分系统，在软件中均显示为同一颜色。但对于复杂项目需要区分系统来进行颜色、线宽和线型的设置。

本节通过设定过滤器为桥架设定颜色，以便更好地表达设计意图。

新建桥架或选定已绘制桥架，单击功能区中"类型属性"按钮，见图 6-11。在"类型属性"对话框中，选中"类型"，单击"复制"按钮，在"名称"对话框中输入"强电桥架"，单击"确定"按钮，见图 6-12。在"类型属性"对话框中，单击"确定"按钮，完成此类型桥架"类型名称"的设置。

图 6-11　功能区中"类型属性"按钮

在视图区域，使用"VV"或"VG"快捷键，在"可见性/图形替换"对话框中，

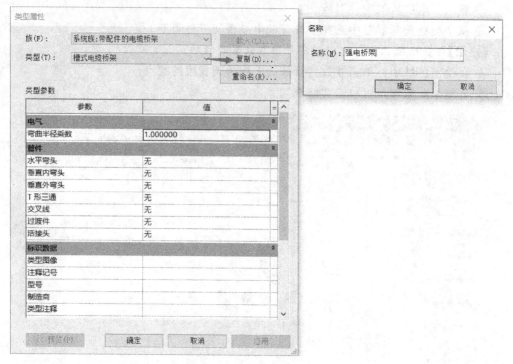

图 6-12　复制并重命名桥架

选择"过滤器"选项卡，单击"编辑/新建"按钮，见图 6-13。在"过滤器"对话框中，单击"新建"按钮，在"过滤器名称"对话框中输入"强电桥架"，单击"确定"按钮。

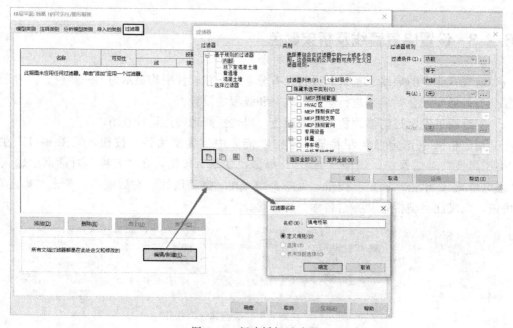

图 6-13　新建桥架过滤器

在"过滤器"对话框中，"过滤器"下选中"强电桥架"，在"类别"下勾选"电缆桥架"和"电缆桥架配件"复选框，在"过滤器规则""过滤条件（Ⅰ）"下分别选择"注释""等于""强电桥架"，单击"确定"按钮，见图 6-14。

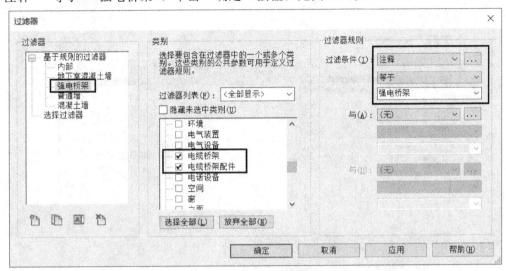

图 6-14　设置桥架过滤器规则

回到"可见性/图形替换"对话框，单击"添加"按钮，在"添加过滤器"对话框中，选中刚刚创建的过滤器"强电桥架"，单击"确定"按钮，见图 6-15。

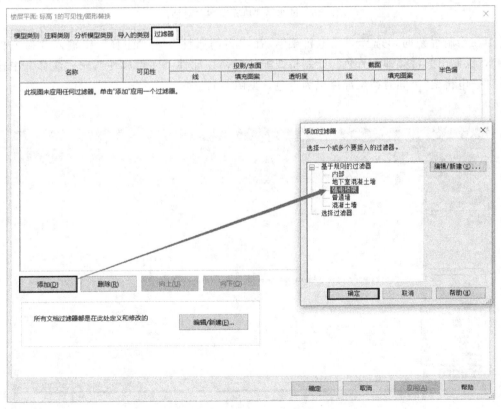

图 6-15　"添加过滤器"对话框

回到"可见性/图形替换"对话框中，在"过滤器"下，出现"强电桥架"条目，单击"线"→"替换"→"颜色"选为"青色"，"填充图案"→"替换"→"颜色"选为"青色"，"填充图案"选为"实体填充"或其他，见图6-16。

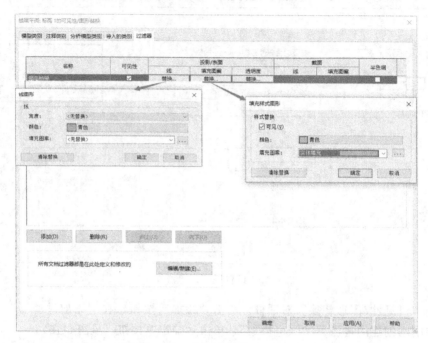

图 6-16　过滤器"填充图案"对话框

在绘制桥架时，选择"强电桥架"，在"实例属性"→"注释"中输入"强电桥架"，绘制出的桥架即为青色。绘制桥架配件时，在配件"实例属性"→"注释"中输入"强电桥架"，同时桥架配件也为青色，见图6-17。

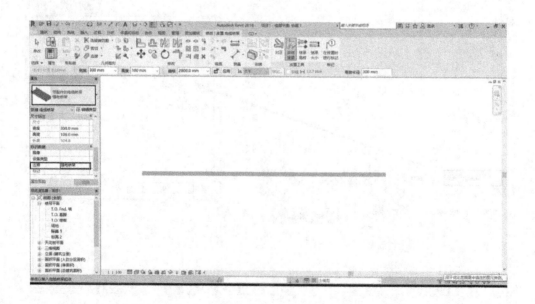

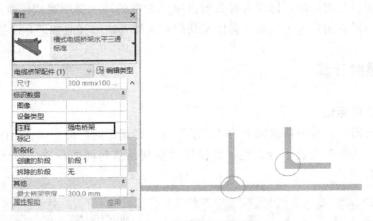

图 6-17　绘制桥架及配件

6.2.4　添加电气设备

电气设备由配电盘和变压器组成。电气设备可以是基于主体的构件（必须放置在墙上的配电盘），也可以是非基于主体的构件（可以放置在视图中任何位置的变压器）。

放置电气设备的步骤如下。

① 在项目浏览器中，展开"视图（全部）"→"楼层平面"，然后双击要放置设备的视图。

② 单击"系统"选项卡→"电气"面板→"电气设备"⊞。

③ 在"类型选择器"中，选择一种构件类型。

④ 在功能区上，确认选择了"在放置时进行标记"，以自动标记设备。

⑤ 要包括标记引线，可在选项栏上选择"引线"并指定长度。

⑥ 要载入其他标记，可单击"标记"（参见 Revit 自带标记样式）。

⑦ 将光标移至绘图区域上。

⑧ 当用户将光标移至绘图区域中的有效位置上时，可以预览设备。

⑨ 单击以放置设备。

6.3　照明系统设计

6.3.1　族创建

在 Revit 中，照明设备是由族定义的模型图元。

Revit 提供了几个照明设备族，用户可以在项目中使用这些族，也可以将这些族用作自定义照明设备的基础，修改为符合国内制图标准的族。要创建或修改照明设备族，需使用族编辑器。用户也可以从设备厂家获取相关设备族库（通常带有设备参数）。

6.3.2 照度计算

(1) 做房间标记

在平面视图中，单击功能区中的"建筑"→"标记房间"命令，在绘图区中，已被建筑设定的"房间"会显示为蓝色，将鼠标移动到所需房间的位置，得到相应面积数值，见图 6-18。

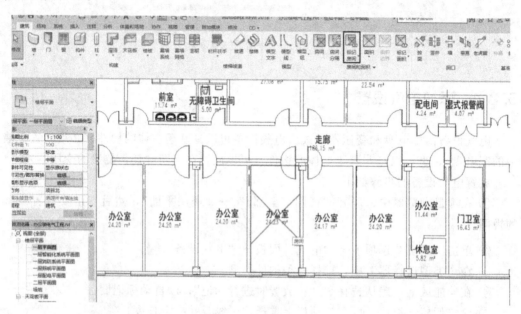

图 6-18　标记房间

(2) 通过生成明细表得到各房间面积

如图 6-19 所示，单击功能区中"分析"→"明细表/数量"命令，在新建明细表对话框中选择房间（图 6-20），单击"确定"按钮，在"明细表属性"对话框中将左侧的"名称""编号""面积"添加到右侧（图 6-21），单击"确定"按钮，生成明细表。明细表在"项目浏览器"中可以找到，见图 6-22。

6.3.3 平面设计

(1) 配电盘放置

打开"照明"楼层平面视图，放置配电箱。在功能区上单击"系统"→ "电气设备"，在"修改︱放置 设备"菜单中单击"载入族"命令，选择需要的族文件，单击"打开"按钮，该族默认"放置在垂直面上"，如图 6-23 所示在绘图区中，将鼠标移动到要放置的墙面上，单击"完成"。

图 6-19　功能区面板

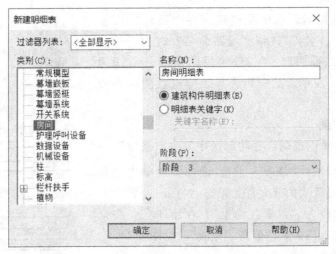

图 6-20　新建明细表对话框

图 6-21　将左侧的"名称""编
号""面积"添加到右侧

图 6-22　房间明细表

如果设备族需要放置在地面上，如配电柜、地面型插座等，只需将"放置在垂直面上"更改为"放置在面上"即可。

图 6-23 默认"放置在垂直面上"

放置好配电箱后，选中配电箱，在"属性"面板中，填写"配电盘名称"，将"线路命名"改为"带前缀"，输入"线路前缀"（一般照明回路编号前缀为WL），如图 6-24 所示。此项可为导出配电盘明细表做准备。

（2）灯具放置

打开天花板平面视图，在功能区中单击"系统"→"照明设备" ，在"修改 | 放置 设备"中单击"载入族"，选择需要载入的族文件，单击"打开"。将"放置在垂直面上"改为"放置在面上"。在绘图区，将鼠标移动到所在的天花板上，单击"完成"，见图 6-25。

图 6-24 配电箱"属性"面板

（3）开关放置

打开"照明"楼层平面视图，在功能区上单击"系统"→"照明设备"，在"修改 | 放置 设备"菜单中单击"载入族"命令，选择需要的族文件，单击"打开"按钮，该族默认"放置在垂直面上"。在绘图区中，将鼠标移动到要放置的墙面上，单击"完成"，见图 6-26。

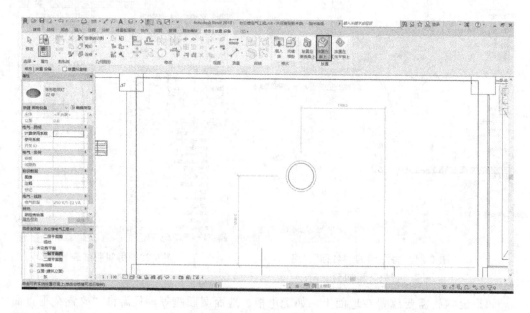

图 6-25 灯具放置

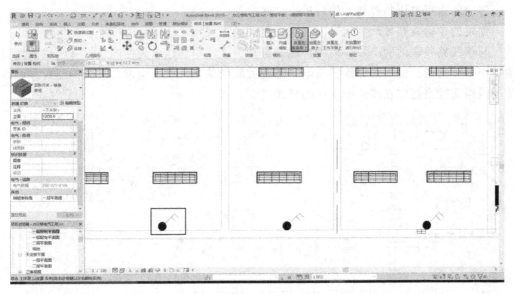

图 6-26　开关放置

6.3.4　系统图设计

(1) 创建照明线路

选择一个或多个照明设备，见图 6-27、图 6-28。

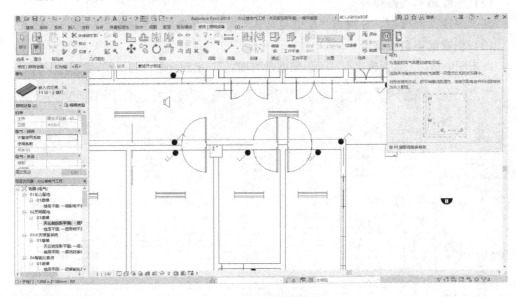

图 6-27　放置照明设备

单击"修改|电气装置"或"修改|照明设备"选项卡"创建系统"面板（电力）。

对于该线路的装置，如果将它们的配电系统指定为实例参数，则会显示"指定线路信息"对话框。

为线路指定电压和极数，然后单击"确定"。

创建的逻辑线路显示为所选电气构件之间的虚线。

与该线路关联的两个控件使用户能够自动为该线路创建永久性配线。将配线添加到项目中是可选的。逻辑线路维护与电气系统关联的信息，而不会添加永久性配线。可以使用线路属性来指定在线路中使用的导线类型。

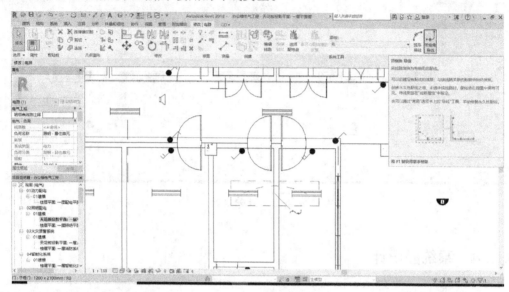

图 6-28　创建照明线路

（2）配线箱和回路编号

在"属性"面板中，分别对"配电盘名称""线路命名""线路前缀"进行设置。

（3）创建配电盘明细表

点击配电箱，工具面板出现"编辑配电盘明细表"，出现配电盘明细表，见图 6-29。

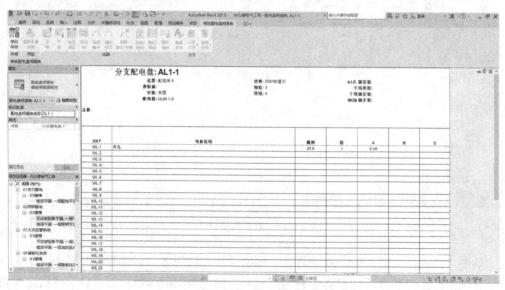

图 6-29　配电盘明细表

6.4 配电系统设计

6.4.1 平面设计

(1) 在视图中放置电气装置

放置电气设备如图 6-30 所示。

① 在项目浏览器中，展开"视图（全部）"→"楼板平面"，然后双击要放置设备的视图。

② 依次单击"系统"选项卡→"电气"面板→"装置"下拉列表，然后单击某个装置类型。

③ 在"类型选择器"中，选择特定的构件。

④ 在功能区上，确认选择了"在放置时进行标记"，以自动标记设备。

⑤ 将光标移至绘图区域上。当用户将光标移至绘图区域中的某一有效主体或位置上时，可以预览装置。

⑥ 单击以放置装置。

⑦ 单击"修改"以释放该工具。

(2) 配线箱和回路编号

在"属性"面板中，分别对"配电盘名称""线路命名""线路前缀"进行设置。

(3) 创建配电盘明细表

点击配电箱，工具面板出现"编辑配电盘明细表"，出现配电盘明细表（同图 6-29）。

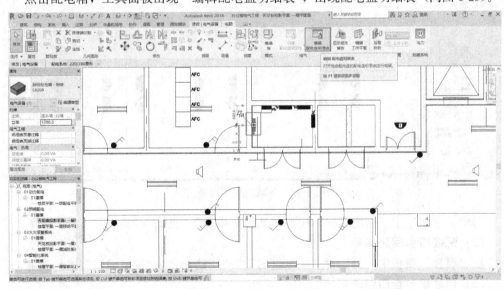

图 6-30　放置电气设备

6.4.2 系统图设计

(1) 配电系统创建

通过自动生成导线方法，生成相应的系统，选中回路中所有末端与相应配线箱，单击"创建系统"中的"电力"按钮，选择导线，自动生成系统并完成平面图的连接，见图6-31、图6-32。

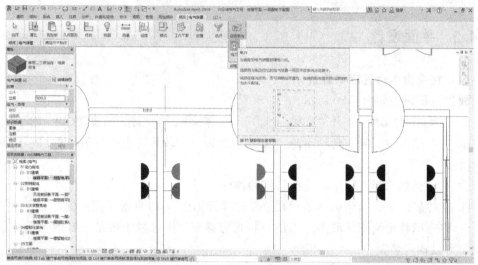

图 6-31　配电系统创建

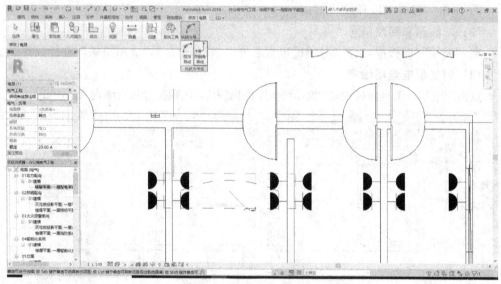

图 6-32　自动生成配电系统

选中"电路"中"系统工具"中的"选择配电盘"，见图6-33。

(2) 配线箱和回路编号

在"属性"面板中，分别对"配电盘名称""线路命名""线路前缀"进行设置。

(3) 创建配电盘明细表

点击配电箱，工具面板出现"编辑配电盘明细表"，见图6-34，出现配电盘明细表

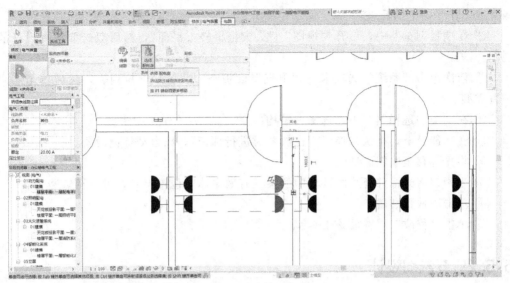

图 6-33　选择配电盘

（同图 6-29）。

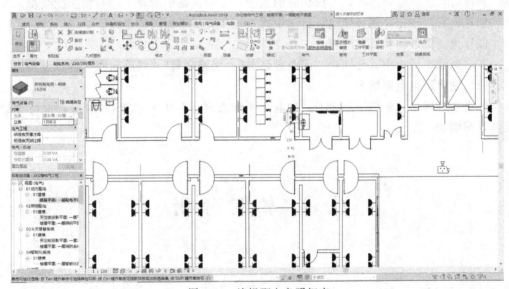

图 6-34　编辑配电盘明细表

6.5　火灾自动报警系统设计

6.5.1　平面设计

　　① 在视图中放置火警设备装置，装置通常是基于主体的构件（例如，必须放置在

墙上或工作平面上的插座)。

② 在项目浏览器中,展开"视图""火灾报警楼板平面",然后双击要放置设备的视图。

③ 依次单击"系统"选项卡→"电气"面板→"装置"下拉列表,然后单击某个装置类型。

④ 在"类型选择器"中,选择火警构件。

⑤ 在功能区上,确认选择了"在放置时进行标记",以自动标记设备。

⑥ 将光标移至绘图区域上。

⑦ 当用户将光标移至绘图区域中的某一有效主体或位置上时,可以预览装置。

⑧ 单击以放置装置。

⑨ 单击"修改"以释放该工具。

6.5.2 系统图设计

(1)火警系统创建

通过自动生成导线方法,生成相应的系统,选中回路中所有末端与相应配线箱,单击"创建火警"按钮,选择导线,自动生成系统并完成平面图的连接。

(2)火警配线箱和回路编号

在"属性"面板中,分别对"配电盘名称""线路命名""线路前缀"进行设置。

(3)创建配电盘明细表

单击功能区中"管理"选项卡"配电盘明细表样板"中的"管理样板",即可创建配电盘明细表。

6.6 案 例 分 析

6.6.1 概述

理论上讲,BIM模型可以直接用来指导建筑施工。但是,现阶段的交付标准仍为施工图设计标准的二维图纸。本节会结合"某办公楼电气设计"案例来分析电气专业符合施工图设计标准的设计流程。电气专业可以用BIM软件完成照明、电气、火灾自动报警、智能化、各系统的平面图纸以及配电间大样图的绘制,特别对公共区域的电气管线可进行具体的综合排布,可以展现出实际施工完成后的状态。

应用BIM技术可设计说明、图例、电气供配电主结线图、高低压配电系统、高压二次线路电路图、干线配线系统图、各配电箱、配电柜系统图、部分系统控制原理图、各层(动力、照明、智能化、火灾自动报警)布置平面图、接地布置平面图、总体平面图等。

可以用软件绘制层配电干线敷设平面图、轴测图，各配电间平面图、剖面图、轴测图，各控制机房（如变配电房、水泵房等）平面图、轴测图及剖面图，各控制机房（如消防控制、网络机房等）平面图、轴测图及剖面图。

本项目建筑模型位于光盘"建筑（电气）"文件夹中。

6.6.2 基础工作的准备

(1) 协调工作方式的选择

目前 BIM 协同方式有 2 种：一种是工作集方式，一种是链接的方式。

工作集方式是多专业共用中心模型协同设计的方式。这种方式由于参与项目的所有设计人员全部在一个模型中完成各专业内容的设计，对计算机系统配置及网络环境要求非常高，而且中心文件损坏的风险大。

链接的方式是各专业单独建立设计模型，通过互相链接、复制/监视等方式来达到协同设计的方式。

本案例项目按第二种工作方式设计流程来介绍。电气专业的工作模式采用本专业（中心）文件＋链接其他专业（中心）文件，按电气系统划分工作集。

(2) 项目样板的准备

主要是视图划分、可见性的设置、视图深度的设置以及过滤器的设置等。

一般电气分为配电子系统、照明子系统、火灾自动报警子系统、智能化子系统。我们需要建立 4 种视图样板。通过设置各个子系统可见性、过滤器、视图范围等，设置好视图样板。

(3) 电气族库的准备

族是构成项目最基本的元素。Revit 系列软件中自带的电气族按照美国标准制作，不满足目前国内的电气制图标准，并且族库内的族式样很少，难以满足项目需求。因此在项目开始之前，要根据项目的需求制作或下载所需的电气族文件。

电气设备、电气桥架、电气电管、导线、标注等都是不同族类型，电气族在二维平面图上要满足国标的制图标准，在三维模型上要符合实体的实际样貌，并需赋予尺寸、系统类型、负荷、性能、光源参数等属性参数。电气专业的族类型众多，同时族所带属性参数会影响到后续的电气计算、电气系统的创建以及模型效果的渲染（比如照明），因此制作族是一件耗时费力的工作。国内一些软件厂商有相关的设备族库，读者可以到相关软件厂家网站上下载。我们可以提前载入到项目或在设计过程中载入项目。

(4) 设计流程

① 模型的建立 准备好项目样板及电气族库，选择好工作方式之后，就可以开始正式的设计工作了。首先是链接建筑专业模型，建立电气文件。

② 模型设计 Revit 绘图的时候也有二维平面和三维模型 2 种绘制状态。通常情况下，在二维平面中进行电气布点、连接管线、各种标注，在这个过程中可以随时切换到三维模型窗口进行观察，可以见到各种电气设备与管线在模型空间中的实际位置与样式。绘图的具体操作方法这里不再叙述，下面是 Revit 在绘图过程中与现有二维绘图方式差别较大的一些地方。

a. 点位布点 在 Revit 中，按照楼层来划分平面进行平面布点，电气设备除了平面中有确定位置外，在立面或剖面中需要有确定高度，这就确定了设备在空间中的位置。在制作族的时候可以直接给每种电气设备族设置默认高度，也可在模型中放置时调整。

b. 桥架、管线布置 电气桥架、电管与电气设备一样具有真实的实体尺寸参数，能够在二维平面和三维模型中显示；而导线则只有线缆的参数，只能在二维平面中显示，无法在三维模型中显示。

由导线连接的电气设备可以创建电气系统，还可生成配电盘明细表；电气桥架和电管连接的电气设备则无法生成电气系统。因此当绘制电气管线的时候我们就有不同的选择，可以根据所需的项目成果来选择。

本案例项目中，电气干线选用电气桥架和电管来绘制，这样在最后的三维模型中就能够很清楚地展现出电气干线桥架和管的规格、位置、路由，并方便后期与设备专业相关设计图进行管线综合；支线则选用导线来绘制（图 6-28），这样较用管来绘制更快捷、更适于输出平面施工图纸，并可自动生成末端配电盘系统。也可以选择整个项目全部使用电气桥架和电管或全部使用导线。

c. 电气系统 传统的施工图中，强电、智能化系统图是一种示意性的图纸，Revit软件中不具备绘制此种示意性图纸的方法，不能够绘制强电、智能化干线系统图，而强电、智能化配电盘系统是用配电盘明细表来表示的。

d. 碰撞检查（见本书第 7 章） 碰撞检查可以检查出建筑模型中存在的专业内部或专业之间的设计冲突。对于电气专业来说，在和设备专业进行管线综合时，可以通过对两个专业的管线进行碰撞检查自动发现管线冲突、显示冲突位置并及时调整。同一个模型内的碰撞检查可以通过 Revit 软件自身所带此功能进行，不同模型的碰撞检查（例如一个大型项目会分成几部分建模）也可以采用专门的 BIM 模型综合碰撞检查软件来进行，可以采用 Autodesk 公司的 Navisworks 软件（参见第 8 章）。

e. 出图和发布（见本书第 10 章） Revit 提供多种发布方式，包括图纸打印、导出DWG、DWF 及 JPG 格式文件等。模型完成后，即可创建所需图纸，并自动生成项目的图纸目录、设备明细表。

6.6.3 新建电气项目

① 运行 Revit 软件，新建项目，浏览光盘中的"电气样板"，单击"确定"按钮。

② 单击"应用程序"→"插入"→"链接"→"链接 Revit"，打开光盘中附带的"办公楼建筑模型"。

③ 复制监视标高轴网，见图 6-35。

6.6.4 配电设计

（1）放置电气装置和电气设备

单击"应用程序"→"系统"→"电气"→"电气设备"，载入电气设备族，将配电箱和插座分别布置在链接图纸上，见图 6-36。

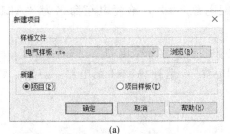

(a)

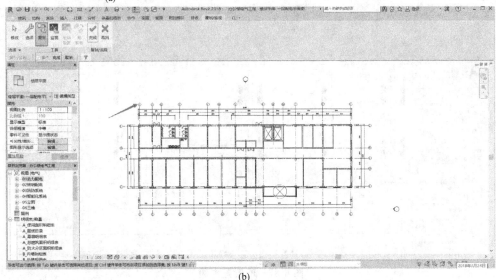

(b)

图 6-35　新建电气项目

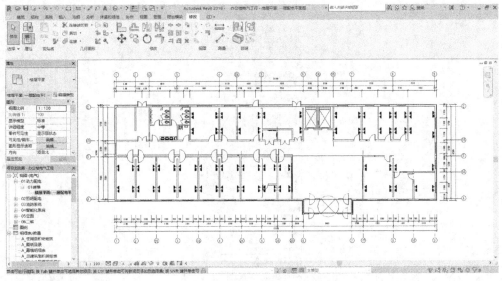

图 6-36　放置电气装置和电气设备

(2) 创建电力系统

配置配电箱：配电系统选择"220/380 星形"，见图 6-37。

配置配电箱名称：选择配电箱实例属性"配电盘名称"，给配电箱命名为"AL1-1"，见图6-38。

设置插座电力系统：选择插座，选择"修改|电气装置"→"电力"，见图6-39。

进入"修改|电路"菜单栏，点击"选择配电盘"，选择AL1-1配电箱，点击"转换为导线选择"中的"带导角导线"，见图6-40。

至此完成了电力系统设置。

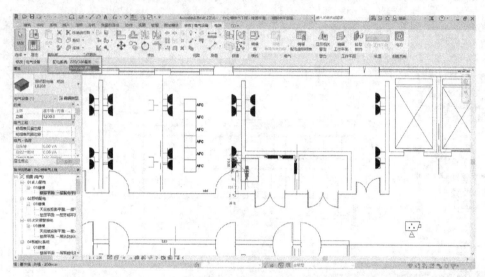

图6-37　配置配电箱

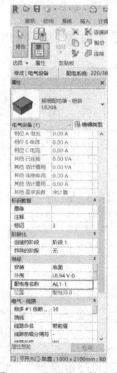

图6-38　配置配电箱名称

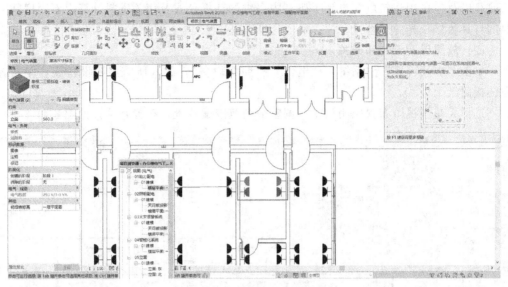

图 6-39　设置插座电力系统

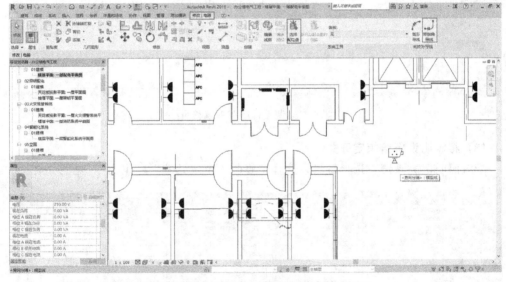

图 6-40　进入"修改｜电路"菜单栏进行设置

6.6.5　照明系统设计

电气照明一般规定：电气照明系统是非常重要的系统，要根据建筑物性质、具体要求来进行照明设计，要满足视觉效果，要满足照度要求，要有良好的显色性和适宜的均匀度。

照明种类分为正常照明、应急照明。本节主要讲解正常照明设计。

（1）照明照度计算

依据《建筑照明设计标准》（GB 50034）、《照明设计手册》《建筑灯具与装饰照明手册》以及《民用建筑电气设计手册》中提供的计算公式及相关资料计算出不同房间需要的灯具数量及光源的容量。

(2) 放置照明设备和开关

单击"应用程序"→"系统"→"电气"→"照明设备"，载入所需照明设备族，并布置在链接图纸上。

选择天花板视图布置照明设备，调整视图范围偏移量，布置开关，见图 6-41。

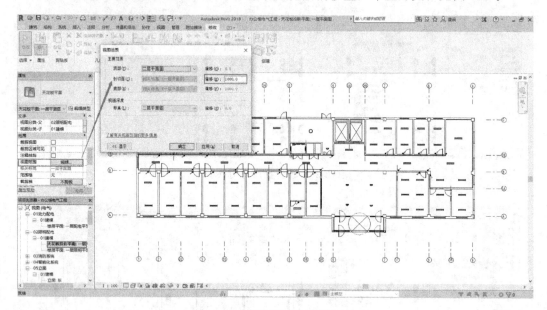

图 6-41　调整视图范围偏移量

(3) 将照明设备给指定开关

配置照明电力系统：选择灯具，选择"修改｜电气装置"→"电力"，见图 6-42。

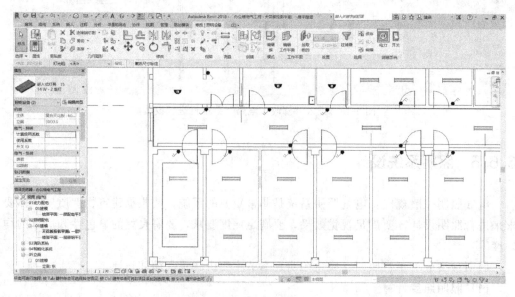

图 6-42　配置照明电力系统

出现"修改 | 电路"选项卡，点击"转换为导线选择"中的"带导角导线"，见图6-43。

选中已建好的导线，在选择实例属性中，选择导线类型，见图6-44。

将照明设备给指定开关：连接导线后，点击"灯具"，出现"开关"，点击"开关"，出现"选择开关"，选定需要指定的开关，见图6-45、图6-46。

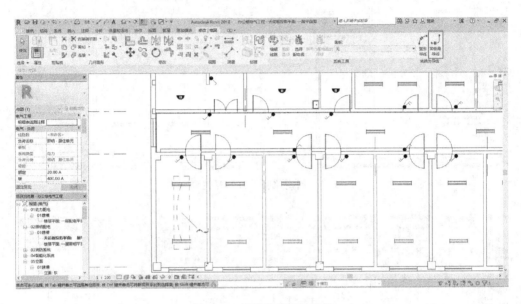

图 6-43　带导角导线的转换

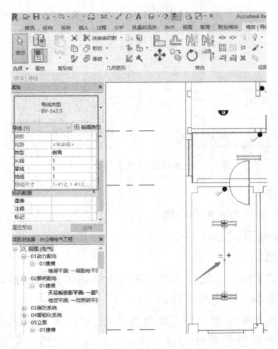

图 6-44　选择导线类型

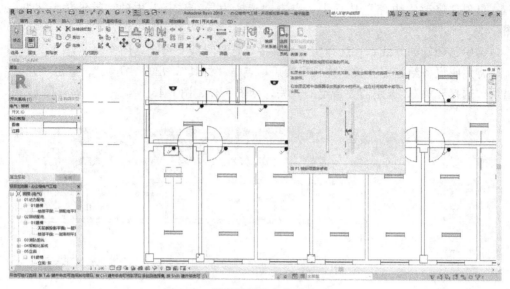

图 6-45　指定照明设备的开关（一）

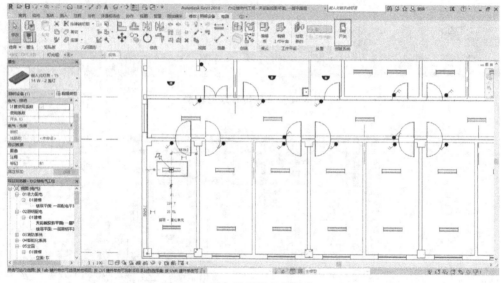

图 6-46　指定照明设备的开关（二）

（4）线路接到配电盘

点击"灯具"，出现开关系统和电路，点击"电路"，进入编辑状态。点击"选择配电盘"，选择相应的配电箱，见图 6-47、图 6-48。

（5）创建配电盘明细表

虽然 Revit 软件对于完成干线系统图、配电系统图等有局限性，但可创建配电盘明细表，也就是后期所绘制的配电箱系统图。

选中配电箱，工具栏中出现"创建配电盘明细表"，可以用默认面板或选择样板生成明细表，此功能属于参数化设计功能。待软件功能成熟后，可自动生成系统图，见图 6-49、图 6-50。

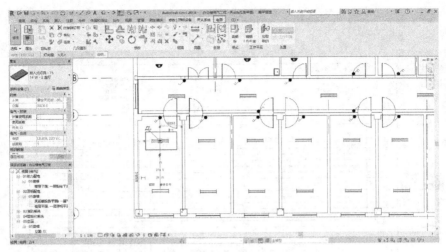

图 6-47　线路与配电盘连接（一）

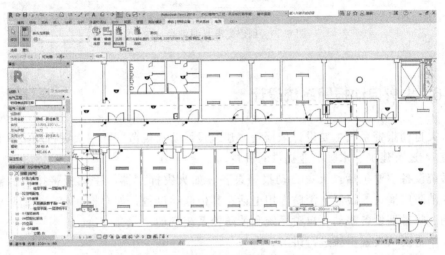

图 6-48　线路与配电盘连接（二）

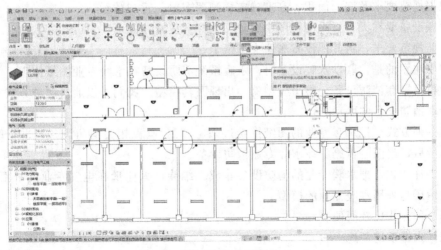

图 6-49　创建配电盘明细表（一）

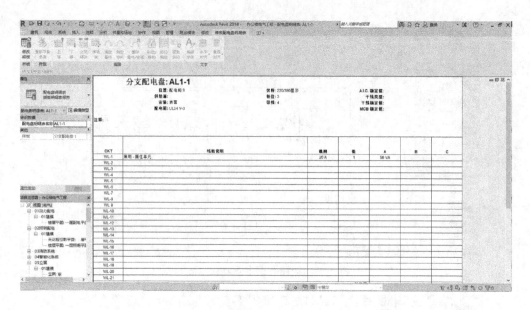

图 6-50　创建配电盘明细表（二）

6.6.6　火灾自动报警系统设计

火灾自动报警系统主要设计依据是《建筑设计防火规范》和《火灾自动报警系统设计规范》，还有建筑、水暖专业提供的资料。

系统设备主要包括：火灾自动报警设备，如火灾探测器、手动报警按钮；警报设备，如消防广播、警报器、消防专用电话；其他联动设备，如电梯联动、非消防电源切断联动、防排烟设备联动、自喷系统和消防栓系统联动。

本章主要从设置步骤进行讲解。

(1) 设备布置

根据规范要求及房间面积、高度确定探测器布置位置和数量。

顶棚设备要在天花板平面视图中布置，选择"放置在面上"，见图 6-51。

按照规范要求，将其他设备布置在图纸上。

需要注意的是，联动水暖设备时，水暖系统消防设备在水暖专业图纸体现，如果电气专业再设一套消防设备，整个模型就会出现两套模型。我们可以通过两种方式实现对水暖专业消防设备的联动。

第一种方式：把水暖专业的图纸链接过来，复制/监视相关消防设备，进行联动设备的布置后，出图时再删除掉水暖专业消防设备。

第二种方式：把水暖专业的消防设备建成二维族，只体现在电气专业的平面图上，三维显示还是采用水暖专业的模型。

第二种方式比较简便。

(2) 火警系统创建

选择一个或多个火警设备。

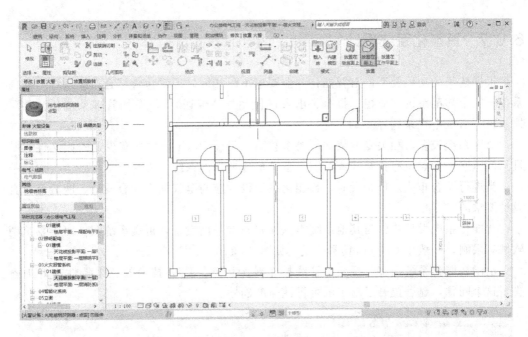

图 6-51　选择"放置在面上"

单击"修改︱火警设备"选项卡→"创建系统"面板→"火警"。

创建的线路显示为所选设备之间的虚线。

与该线路关联的两个控件使用户能够自动为该线路创建永久性配线。将配线添加到项目中是可选的。逻辑线路维护与它们关联的信息，而不会添加永久性配线。可以使用线路属性来指定在线路中使用的导线类型，见图 6-52。

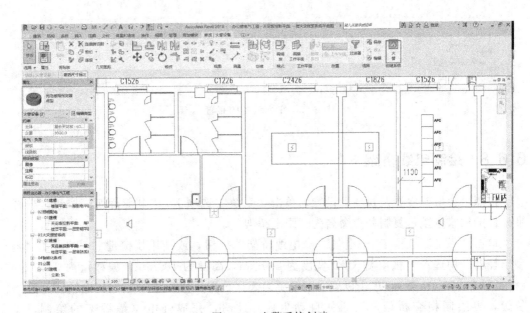

图 6-52　火警系统创建

6.6.7 智能化系统设计

根据建筑的功能类型，对智能化专业要求不尽相同，通常包含综合布线系统、通信系统、安全防范系统（监控、报警、出入口控制、一卡通）、停车场管理系统、公共广播系统、有线电视系统等。

由于系统较多，相关专业族文件要求较高，目前 Revit 软件只有少量的族文件。并且只能做些平面点位布置及线缆绘制，很难形成要求的系统文件。

当进行综合布线点位布置时，智能化系统设计应与电气插座配合设计，两者是符合设计要求的。

智能化系统设计步骤与其他系统类似，先布置平面设备，再做系统图。由于系统图软件有限制，一般用 CAD 出具系统图，见图 6-53。

由于智能化系统众多，桥架与管线排布较为困难。BIM 技术的三维特性很好地解决了这个问题，显著提升了施工的可行性与准确性。

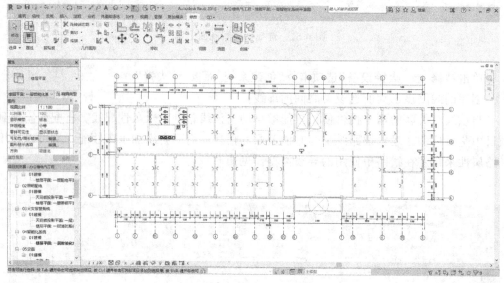

图 6-53　平面设备的布置

6.6.8 绘制电缆桥架

按照电缆桥架设置及过滤器设置，单击"系统"选项卡→"电缆桥架"按钮，选择带配件的槽式电缆，复制并重命名为"强电桥架"。

单击"系统"选项卡→"电气"→"电缆桥架"按钮，或使用快捷键"CT"，在"类型选择器"中选择"强电桥架"，宽度为 200mm，高度为 100mm，偏移量为 3300mm（距离梁底 300mm 处），单击以确定电缆桥架起点位置，再次单击以确定电缆桥架终点位置，再绘制相交桥架，三通处自动生成。此时，完成强电电缆桥架的绘制，见图 6-54、图 6-55。

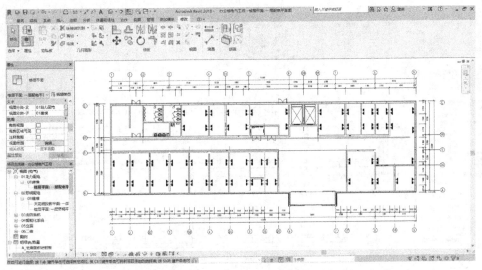

图 6-54　绘制电缆桥架（一）

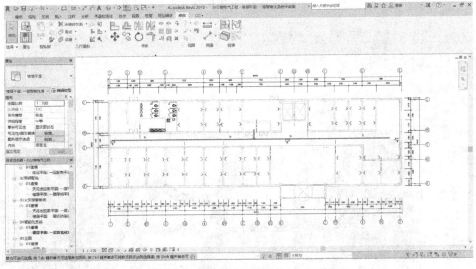

图 6-55　绘制电缆桥架（二）

6.6.9　碰撞检测

由于机电专业公共区域管线较多，通过碰撞检测，可以解决专业内碰撞问题和专业间碰撞问题，还可以解决专业间协调优化，见图 6-56、图 6-57。

碰撞检测设置参看"第 7 章碰撞检查"。

6.6.10　最终出图

① 单击"视图"选项卡→"图纸组合"面板（图纸）。

② 选择标题栏，见图 6-58。

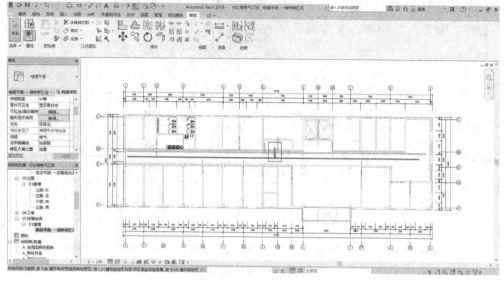

图 6-56　碰撞检测

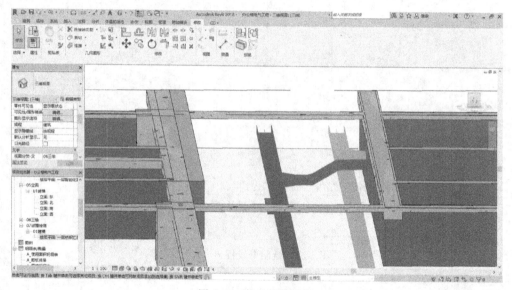

图 6-57　优化碰撞检测

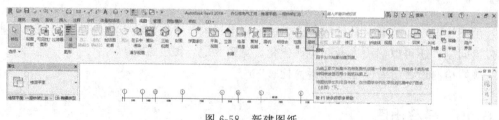

图 6-58　新建图纸

③ 在"新建图纸"对话框中，从列表中选择一个标题栏。

④ 单击"确定"。

⑤ 将视图添加到图纸中。

⑥ 修改 Revit 已指定给该图纸的默认编号和名称。

⑦ 请参见图 6-59 "重命名图纸"。图纸编号和名称显示在项目浏览器中的 "图纸（all）" 下，见图 6-59。

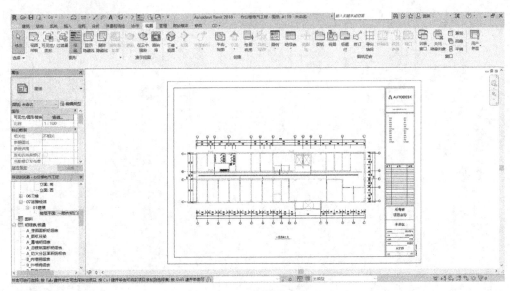

图 6-59　重命名图纸

第 7 章
碰 撞 检 查

本章要点

碰撞检查简介

机电系统布置及避让原则

案例分析

7.1 碰撞检查简介

项目内图元碰撞检查，指检测当前项目中图元与图元之间的碰撞关系，可按照图元分类进行图元整体的碰撞检查，同时，也可以执行指定图元之间的碰撞检查。

单击"协作"→"坐标"→"碰撞检查"→"运行碰撞检查"，见图 7-1。

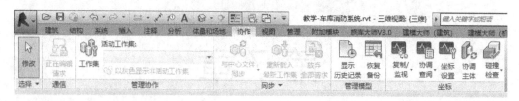

图 7-1　运行碰撞检查

在"碰撞检查"对话框中，需要在左右两侧分别指定需要参加碰撞检查的图元类别。分别设置左右两侧"类别来自""当前项目"，Revit 将在左右两侧分别显示当前项目中包含的所有图元类别。分别在两侧的"机械设备""管道""管道附件"和"管件"类别，执行当前项目中所有属于这些类别图元之间的碰撞检查；完成后单击下方"确定"，Revit 开始进行检测所选择的类别图元间是否存在干涉，见图 7-2。

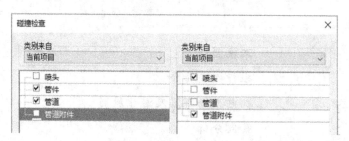

图 7-2　"碰撞检查"对话框

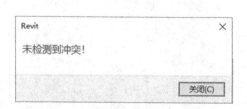

图 7-3　结果为"未检测到冲突"

运行碰撞检查后，Revit 将以对话框的形式在项目中返回碰撞结果，由于项目中管道、管件与设备图元并没有发生碰撞，系统检测结果显示为"未检测到冲突"，单击"对话框"中的"关闭"退出该对话框，见图 7-3。

7.1.1 机电系统与机电系统碰撞检查

(1) 水管

① 管道系统是否完整？管道信息标注是否正确？（喷淋、消火栓、生活给水、雨水、排水……）

② 平面图和系统图是否能对上？管道编号是否对应？

③ 管道排布位置是否合理？（不能平行位于桥架正上方，不能穿越风井，不能进入电气用房，如高低压配电房、控制室、电梯机房……）

④ 管道翻弯时尽量上翻（下翻会产生积水、存渣，即使安装泄水阀，水排往何处也是个问题）。

⑤ 暖通水管贴梁底布置时，需要考虑预留保温厚度。

(2) 风管

① 系统是否完整？风管信息标注是否正确？（送风、回风、排风、新风、防排烟、厨房油烟、预留风管……）

② 平面图和系统图是否能对上？系统编号是否对应？

③ 注意风口位置，下送还是侧送，不能遮挡风口。

④ 高低压配电房内的风管不要位于配电柜等电气设备的正上方。

⑤ 风机房平面图与大样图是否相符？

⑥ 管线综合过程中往往因为净高不够，需对风管系统深化设计，通常对风管进行压扁处理。空调、通风风管主风管通常设计风速为 6～8m/s，排烟管为 15m/s，排烟补风通常设计在 10m/s 以内，而且风管宽高比以不大于 4 为宜。

(3) 电缆桥架

① 系统是否完整？桥架信息标注是否正确？（强电桥架、消防桥架、通信桥架、母线槽……）

② 桥架翻弯尽量采用 45°斜角弯。

③ 母线槽尽量不要翻弯（母线槽弯头需定制，成本代价高）。

④ 为避免电磁场效应，必须保证强电桥架不能进入弱电间。

⑤ 多层桥架之间排布，上下层桥架之间净间距保持在 250mm 以上。

⑥ 桥架共架时，强弱电桥架不小于 300mm 为宜，同种桥架之间间距控制在 50～100mm。

(4) 其他

① 机电管线经过架空、悬挑、跨层等区域是否合理？

② 是否有机电管线经过玻璃雨篷、天窗、中庭等用于观景或采光区域？

③ 是否存在立管未沿墙或柱安装？（立管一般都要求沿墙或柱安装。）

④ 后场通道等管线密集处是否考虑预留检修空间？

7.1.2 机电系统与土建碰撞检查

(1) 留洞核查

① 机电管线穿剪力墙、楼板是否留洞？（风管、风口、水管、电缆桥架、母线槽……）

② 留洞位置、尺寸是否满足要求?（留洞位置应避开梁、柱、楼梯等，不能影响建筑使用功能；留洞尺寸一般比管线要大，特别要注意风口留洞。）

③ 梁上留洞是否满足规范要求?（管线位于梁体中部 1/3 处为最好，即管中线与梁中线最好重合，管洞上下距梁顶底距离不小于 1/3 梁高。）

(2) 管井核查

① 管井内是否有梁?（一般情况下管井内不会有梁，尤其是风井内。）

② 梁是否会与机电管线冲突?（主要是立管穿梁情况。）

③ 桥架、母线槽、水管在管井内会贴墙安装，注意此墙是否贴梁边沿?（防止出现管线避梁翻弯情况。）

(3) 净高核查

① 坡道、设备运输通道是否满足净高要求?

② 管线密集处是否满足净高要求?

③ 大管线经过区域是否满足净高要求?

④ 重力排水管道经过区域是否满足净高要求?

⑤ 机电管线经过楼梯间是否能满足净高要求?（不能出现碰头。）

(4) 防火卷帘核查

① 梁下、柱帽下净高是否满足卷帘安装高度要求?（卷帘＋卷帘盒后的高度。）

② 是否存在梁下与卷帘之间预留管线安装空间不足情况?

③ 是否存在防火卷帘高度不满足净高要求?

④ 是否存在机电管线设计在卷帘里面的情况?

(5) 门高核查

① 是否存在门高超出层高、坡道下门高超出坡道下净高等情况?（夹层、坡道下方易出现此情况。）

② 是否存在电梯门高超出层高、预留电梯门洞净高不足等情况?（夹层易出现此情况。）

③ 梁下、柱帽下净高是否满足门安装高度要求?

④ 是否存在梁下与门之间预留管线安装空间不足情况?

(6) 风井吊板、双层板核查

① 吊板预留空间是否满足风管尺寸要求?

② 双层板预留空间是否满足风管尺寸要求?

③ 双层板下方管线综合排布以后是否满足净高要求?

④ 风管穿吊板、双层板是否留洞?

⑤ 暖通、结构、建筑三专业图纸是否都有标注且标注一致?

(7) 空调机位吊板

① 空调机位吊板位置设置是否合理?

② 机电管线穿空调机位吊板是否留洞?

7.2 机电系统布置及避让原则

7.2.1 管道交叉处理原则

① 排水管道施工时若与其他管道交叉,采用的处理方法须征得权属单位和其他单位同意。

②管道交叉处理中应当尽量保证满足其最小净距,且有压管道让无压管、支管避让干线管、小口径管避让大口径管。

③ 管道交叉处理的方法。在施工排水管道时,为了保证下面的管道安全又便于检修、上面的管道不致下沉破坏,应进行必要的处理。

a. 混凝土或钢筋混凝土排水圆管在下,铸铁管、钢管在上。上面管道已建,进行下面排水圆管施工时,采用在槽底砌砖墩的处理方法。上下管道同时施工时,且当钢管或铸铁管道的内径不大于 400mm 时,宜在混凝土管道两侧砌筑砖墩支承。

b. 混凝土或钢筋混凝土排水圆管(直径<600mm)在下,铸铁管、钢管在上。高程有冲突,必须压低下面排水圆管断面时,将下面排水圆管改为双排铸铁管,加固管或方沟。

c. 混合结构或钢筋混凝土矩形管渠与其上方钢管道或铸铁管道交叉,当顶板至其下方管道底部的净空在 70mm 及以上时,可在侧墙上砌筑砖墩支承管道。当顶板至其下方管道底部的净空小于 70mm 时,可在顶板与管道之间采用低强度等级的水泥砂浆或细石混凝土填实,其荷载不应超过顶板的允许承载力,且其支承角不应小于 90°。

d. 圆形或矩形排水管道在上,铸铁管、钢管在下,上下管道同时施工时,铸铁管、钢管外加套管或管廊。

e. 排水管道在上,铸铁管、钢管在下,埋深较大挖到槽底有困难,进行上面排水管道施工时,上面排水管道基础在跨越下面管道的原开槽断面处加强。

f. 当排水管道与其上方电缆管块交叉时,宜在电缆管块基础以下的沟槽中回填低强度等级的混凝土、石灰土或砌砖。排水管道与电缆管块同时施工时,可在回填材料上铺一层中砂或粗砂。电缆管块已建时,回填至电缆管块基础底部的材料为低强度等级的混凝土,回填材料与电缆管块基础间不得有空隙。

g. 一条排水管道在下,另一排水管道或热力管沟在上,上下管道同时施工(或上面已建,进行下面排水管道施工)时,下面排水管道强度加大,满槽砌砖或回填 C8 混凝土、填砂。

h. 排水方沟在下,另一排水管道或热力方沟在上,高程冲突,上下管道同时施工时,增强上面管道基础,位于下面排水方沟的顶板,则根据情况,压扁排水方沟断面,但不应减小过水断面。

i. 预应力混凝土管与已建热力管沟高程冲突，必须从其下面穿过施工时，先用钢管或钢筋混凝土套管过热力沟，再穿钢管代替预应力混凝土管。

j. 预应力混凝土管在上，其他管道在下，上面管道已建，进行下面管道施工时，一般在下面槽底或方沟盖板上砌支墩。

7.2.2 机电安装工程管线综合排布策划

(1) 管线综合排布策划目的

经过优化，对管线、设备综合排布，使管线、设备整体布局有序、合理、美观，最大限度地提高和满足建筑使用空间，降本增效。

机电安装工程施工前的总体策划是保证机电安装工程质量的必要阶段，对于现代建筑工程，特别是具有较复杂功能的智能建筑，其机电系统很复杂，子系统很多。而机电系统全部都是由管、线将功能设备联结而成，这些管、线、设备在建筑物内必定要占据一定的空间，而现代建筑的内部空间是有限的。所以，机电安装工程的管、线、设备的合理布置就成为机电安装工程施工策划的首要任务。

(2) 管线综合排布策划组织与实施

总包单位在机电工程开工之前就应完成各系统的管道、电气线路、机电设备的布置，并与土建专业进行全面协调，结构施工时应做好密切配合，做好预留预埋工作。避免在机电安装施工时在主体结构上开洞，并可以使土建和机电的细部处理都能够预留足够的空间。

由总包单位的机电经理负责组织各专业工程师，以及分包单位专业工程师进行综合排布策划，应对给排水、空调、消防、电气、智能等全部管线进行综合布置策划，对各种管道、线路、设备的位置、走向、交叉点、支吊架（位置、形式）、管道的敷设方式（明敷、暗敷）等等进行深入的研究，并形成管线、设备的位置排布详图、节点图、剖面图、支架位置图、支架结构图等。这就是我们常说的"二次设计"或"深化设计"。这项工作必要时应征得原设计单位的认可。施工时由各专业工程师严格组织实施。

(3) 管线综合排布与避让原则

要科学合理排布管线，使各种管线的高度、走向合理、美观，避免在管线布置中出现违反规范的现象。当水、风、电三个系统交叉时，谁应该在上，谁应该在下，谁应该直行，谁应该跨越，这些原则在施工之初就应该加以明确。一般讲自上而下应为电、风、水。由于风管的截面积最大，所以一般在综合布置管道时应首先考虑风管的标高和走向，但同时要考虑较大管径水管的布置，尽量避免大口径水管和风管在同一房间内多次交叉，尽量减少水、风管道转弯的次数，避免无谓地增加水、风的流动阻力，同时也可以避免水、风管道产生气阻、喘振、水击等问题。

管道排布避让原则：小管避让大管，有压管避让无压管，水管避让风管，电管、桥架应在水管上方；先安装大管后安装小管，先施工无压管后施工有压管，先安装上层的电管、桥架，后安装下层水管。

(4) 管线综合排布策划的效果要求

一是在保证满足设计和使用功能的前提下，管道、管线尽量暗装于管道井、电井内、管廊内、吊顶内。要求明装的尽可能地将管线沿墙、梁、柱走向敷设，最好是成排、分层敷设布置，从而达到管线多而不乱、排布错落有序、层次分明、走向合理、管线交叉处置得当、安装美观的要求。

二是正确、合理设置支吊架，尽量使用共用支吊架，保证管道支吊架的规范间距，降低工程成本。

三是施工管理人员对工程的整体情况做到心中有数，特别是分包单位的施工项目严格按照统一的综合排布详图、节点图施工，工序组织合理穿插。

四是与结构、装饰工程进行充分的协调，使预留、预埋及时、准确，避免二次剔凿，避免末端设备与装饰工程出现不协调的问题。

总之，机电安装工程有一系列的检测、试验，在功能方面极少发生问题，又在观感方面策划得好，是锦上添花；不策划，就肯定是一团糟。

(5) 管线综合排布的部位

管线综合策划的重点是屋面、楼层走廊吊顶和地下室。设备机房（给水、消防泵房、空调机房、变配电室、换热站）、给排水管道井、管廊、吊顶内、卫生间、设备层、强电井、弱电井、空调井等部位重点进行排布策划。

屋面为什么会成为重点？建筑物上部的给水、空调、消防等管道布置在屋面上，以节省室内空间。所以现在很多设计将管道、设备安排在屋面上。所以，在进行屋面管线综合布置时，除管线本身的布置以外，还必须与土建专业进行协调，以保证管线的支架高度必须满足屋面防水细部构造的泛水高度的规定，屋面设备的基础施工应随结构层施工一同进行，保证基础的牢固与泛水高度达到要求。

走廊吊顶内部是管线布置最集中的位置，对楼层走廊吊顶内管线的综合布置不但要合理确定各专业管线的标高、位置，使各专业管线具有合理的空间，同时还应对各专业的施工顺序予以确定，从而使各专业工序交叉施工具有合理的时间。

7.3 案例分析

7.3.1 项目简介

某项目一、二期地下车库为无梁楼板设计，整体净高较低，同时各系统管线排布错综复杂，特别是在设备防火分区、强电桥架、弱点桥架、消防水管、风管、生活给排水和供热管网等各种管线交错并行，现场施工难度大。为了更好地利用地下车库的有效空间，故通过 BIM 技术结合现场施工的实际情况搭建了建筑、结构、水暖、电气等全专业模型，然后依照模型对地下综合管线进行碰撞检查分析，并协同各方解决了原设计中存在各系统管线的错漏碰缺不合理问题，结合综合支吊架，正确合理设置支吊架，保证管道支吊架的规范间距，使地下车库整体净高抬升，节约了成本。同时通过模型信息提供了三维技术交底文件，将原有的文字方案升级成三维方案，可视化预演了施工中的重点、难点和工艺复杂的施工区域，多角度、全方位地查看模型，并以模型作为沟通的平台，更好地与业主、设计、监理单位进行图纸问题沟通，直观快捷地确定优化方案，与业主及施工单位明确项目难点及施工过程中需要注意的问题，为施工过程提供可行性方案，最大化地解决施工过程中所遇到的问题，减少施工返工率和设计变更单，有效提高设计质量。

7.3.2 主要技术

① 三维建模，可视化效果强，打破传统的二维设计，进行新的设计革命，将车库建筑中的各个环节以及诸多的构件一一展示在各方眼前，大大提高了沟通效率，让各方对于项目的各种问题与状况进行全面及时的了解，见图7-4。

② 利用模型进行碰撞检测与管线综合排布，提升车库净空，节省车位，见图7-5。

图7-4　三维建模

图7-5　提升车库净空

③ 统计工程量数据，节约成本。解决了以往的工程量计算难题，可协助物资部制订物资采购计划，辅助工经部进行分包验工。

④ 通过交通标识、导向标识、其他标识等来提供业主快速准确的场所信息，见图7-6。

图7-6　交通标识

7.3.3 优化及交付成果

通过 BIM 技术为业主及施工单位按照各个时间节点提交相关工作文件并搭建信息交流平台，针对项目进行现场跟踪服务，把现场所出现的问题及时通过模型加以改正，并把解决方法及时反馈到信息平台上，第一时间解决所发现的问题，实现了设计施工一体化。

第 8 章
Navisworks漫游制作

本章要点

Navisworks 概述

Navisworks 的基本操作

渲染表现

制作场景动画

制作漫游案例

8.1 Navisworks 概述

8.1.1 软件分类

Autodesk Navisworks 是 Autodesk 公司出品的一系列建筑工程管理软件，能够帮助建筑、工程设计和施工团队加强对项目成果的控制，使所有项目相关方都能够整合和审阅详细设计模型，在实际建造前以数字方式探索项目的主要物理和功能特性，缩短项目交付周期，提高经济效益，减少环境影响。

Autodesk Navisworks 软件能够将 AutoCAD 和 Revit 系列等应用创建的设计数据，与来自其他设计工具的几何图形和信息相结合，将其作为整体的三维项目，通过多种文件格式进行实时审阅，而无须考虑文件的大小。Navisworks 软件产品可以帮助所有相关方将项目作为一个整体来看待，从而优化从设计决策、建筑实施、性能预测和规划直至设施管理和运营等各个环节。

Autodesk Navisworks 系列软件包括 3 款产品：

① Autodesk Navisworks Manage 是一款用于分析、仿真和项目信息交流的全面审阅解决方案的软件。多领域设计数据可整合进单一集成的项目模型，以供冲突管理和碰撞检查使用。Navisworks Manage 能够帮助设计和施工专家在施工前预测和避免潜在问题。

② Autodesk Naviswork Simulate 软件提供了用于分析、仿真和项目信息交流的先进工具。完备的四维仿真、动画和照片级效果图功能使用户能够展示设计意图并仿真施工流程，从而加深设计理解并提高可预测性。实时漫游功能和审阅工具集能够提高项目团队之间的协作效率。

③ Autodesk Navisworks Freedom 软件是一款面向 NWD 和三维 DWF 文件的免费浏览器。Navisworks Freedom 使所有项目相关方都能够查看整体项目视图，从而提高沟通和协作效率。

三款软件比较见表 8-1。

表 8-1 三款软件比较

功　能	Autodesk Navisworks Manage	Autodesk Navisworks Simulate	Autodesk Navisworks Freedom
预测问题(clash detective)： 通过碰撞检查,能够预测潜在问题	√	×	×
4D 进度编排(timeliner)： 支持用户实现 4D 进度模拟	√	√	×

功　能	Autodesk Navisworks Manage	Autodesk Navisworks Simulate	Autodesk Navisworks Freedom
安装、训练模拟(animator)： 提供模型对象动画,模拟设备安装或训练模拟	√	√	×
展示项目(presenter)： 将照片级渲染导出到 AVI 动画或静态图像等	√	√	×
模型发布(publisher)： 支持在一个可以发布的 .nwd 文件中发布和存储完整的 3D 模型,并以 DWF™格式发布 3D 模型等	√	√	√
数据工具(datatools)： 将对象属性元素链接到外部数据库的表中存在的字段。支持具有合适 ODBC 驱动程序的任何数据库	√	√	√
评审对象(红线注释)： 存储、组织和共享设计的相机视图,然后导入图像或报告。用完全可搜索的注释对观点进行评论,其中包含日期、签名、审计追踪等	√	√	√
优化工作流程： 能对磁盘或互联网中的大型模型和内容进行智能优化,支持在模型加载过程中对整个设计进行导航等	√	√	√

本章主要讲解 Autodesk Navisworks Manage 的基本要点。

8.1.2　软件功能

(1) 实现 3D 模型的实时漫游

大部分 3D 软件实现的是路径漫游，无法实现实时漫游，Navisworks 可以对一个超大模型进行平滑的漫游，为三维校审提供了技术支撑。

(2) 模型整合

可以将多种三维的 3D 模型合并到一个模型中，进行不同专业间的碰撞校审、渲染等。

(3) 碰撞校审

可以实现对构件硬碰撞校审（即物理接触），也可以实现时间上、间隙上、空间上的软碰撞校审，还可以定义复杂的碰撞规则，提高碰撞校审的准确性。

（4）模型渲染

软件内储存了丰富的材料用来做渲染，可以满足各个场景的需要。

（5）工程进度 4D 模拟

软件可以导入目前项目上应用的进度软件（如 P3，Project 等）的进度计划文件，通过设定命名规则，可以和模型直接关联，通过软件的 3D 模型和动画直观演示出建筑的施工的步骤。

（6）模型发布

支持将模型发布成一个 .nwd 文件，利于模型的完整和保密性，并且可以用免费的浏览软件进行查看。

8.2　Navisworks 的基本操作

8.2.1　用户界面

Autodesk Navisworks Manager 的界面主要分为 8 个功能区域，见图 8-1。

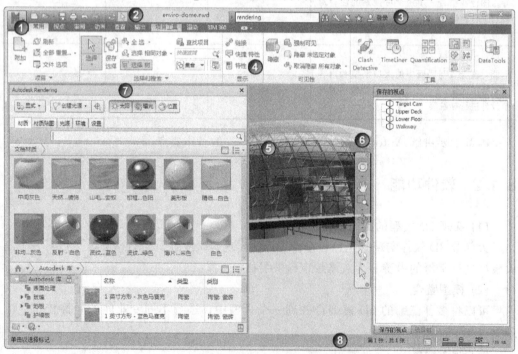

图 8-1　Autodesk Navisworks Manager 界面

1—应用程序按钮和菜单；2—快速访问工具栏；3—信息中心；4—功能区；5—场景视图；

6—导航工具；7—可固定窗口；8—状态栏

8.2.2　用户界面功能简介

(1) 应用程序按钮和菜单

使用应用程序菜单可以访问常用工具。

某些应用程序菜单选项具有显示相关命令的附加菜单。

要打开应用程序菜单，可单击应用程序按钮 ，再次单击它将关闭应用程序菜单。

(2) 快速访问工具栏

快速访问工具栏位于应用程序窗口的顶部，其中显示常用命令。

可以向快速访问工具栏添加数量不受限制的按钮，会将按钮添加到默认命令的右侧。可以在按钮之间添加分隔符。超出工具栏最大长度范围的命令会以弹出按钮 显示，见图 8-2。

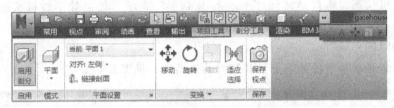

图 8-2　用户界面功能简介

只有功能区命令可以添加到快速访问工具栏中。可以将快速访问工具栏移至功能区的上方或下方。

(3) 信息中心

"信息中心"（图 8-3）是在若干 Autodesk 产品中使用的功能。它由标题栏右侧的一组工具组成，用户可以使用这些工具访问许多与产品相关的信息源。根据 Autodesk 产品和配置，这些工具可能有所不同。例如，在某些产品中，"信息中心"工具栏可能还包含 Autodesk 360 服务的"登录"按钮或指向 Autodesk Exchange 的链接。

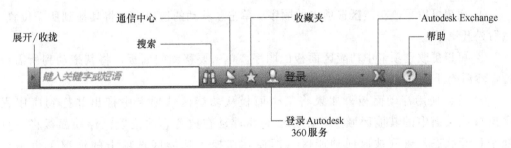

图 8-3　信息中心

① 搜索　使用"搜索"框和"搜索"按钮可以在联机帮助中快速查找信息。单击"展开/收拢"箭头可以将"搜索"框切换为收拢状态。

② 通信中心　"通信中心"提供以下类型的通告。

Autodesk 频道：接收支持信息、产品更新和其他通告（包括文章和提示）。

RSS 提要：接收来自用户订阅的 RSS 提要的信息；RSS 提要一般会在发布新内容时通知用户；在用户安装软件时，可能会自动为用户订阅几种默认 RSS 提要。

③ 收藏夹　使用"收藏夹"工具可以快速访问从"Subscription Center"和"通信中心"保存的重要链接。

若要添加收藏夹，可以打开"Subscription Center"或"通信中心"，然后单击要添加的链接旁边的"收藏夹"按钮☆。

④ 登录　使用此项可登录到 Autodesk 360 服务。

⑤ Autodesk Exchange　使用此选项可以访问 Autodesk Exchange Apps 页面，在这里用户可以找到可与 Autodesk 应用程序配合使用的各种应用程序。

⑥ 帮助　用户可以单击"帮助"按钮以显示"帮助"中的主题。使用帮助系统时，如果处于联机状态，将自动转到"Autodesk 帮助"系统。如果处于脱机状态，将显示产品内置的 HTML 帮助。用户可以选择始终显示脱机帮助。

（4）功能区

功能区是显示基于任务的工具和控件的选项板，见图 8-4。

图 8-4　功能区

功能区被划分为多个选项卡，每个选项卡支持一种特定活动。在每个选项卡内，工具被组合到一起，成为一系列基于任务的面板。某些选项卡是与上下文有关的。执行某些命令时，将显示一个特别的上下文功能区选项卡，而非工具栏或对话框。例如，只要开始在"场景视图"中选择项目，那么先前隐藏的"项目工具"选项卡就会显示出来。未选中任何项目时，它会再次变为隐藏的。

可以根据用户自己的需要按以下方式自定义功能区。

① 用户可以更改功能区选项卡的顺序。单击要移动的选项卡，将其拖到所需位置，然后松开鼠标。

② 可以更改选项卡中功能区面板的顺序。单击要移动的面板，将其拖动到所需位置，然后松开。

③ 可以使用浮动面板。如果将某个面板从功能区选项卡中拖出并拖到应用程序窗口或桌面中的其他区域中，则该面板将浮动在放置它的位置。浮动面板将一直处于打开状态，直到被放回功能区（即使在切换了功能区选项卡的情况下也是如此）为止。

（5）场景视图

这是查看三维模型和与三维模型交互所在的区域。

启动 Autodesk Navisworks 时，"场景视图"仅包含一个场景视图，但用户可以根据需要添加更多场景视图。自定义场景视图被命名为"ViewX",其中"X"表示下一个可用编号。无法移动默认场景视图。

当比较照明样式和渲染样式,创建模型的不同部分的动画等时,同时查看模型的几种视图很有用。

要在场景视图中与模型交互,可以使用 ViewCube、导航栏、键盘快捷键和关联菜单。

一次只能有一个场景视图处于活动状态。在某个场景视图中工作时,该场景视图就会成为活动的。如果用鼠标左键单击某个场景视图,则会激活该场景视图,且用户单击的场景视图会被选中,或者如果用户单击某个空区域,则会取消选择所有场景视图。在某个场景视图上单击鼠标右键后,会激活该场景视图并会打开一个关联菜单。

每个场景视图都会记住正在使用的导航模式。动画的录制和播放仅会在当前活动视图中发生。

可以调整每个场景视图的大小。要调整场景视图的大小,可以将光标移动到场景视图交点上并拖动分割栏 ✛ 。通过将内容大小设置为与用户期望的输出相同的纵横比,可以准确地可视化其外观。

可以使自定义场景视图成为可固定的。可固定的场景视图有标题栏,且可以像处理可固定窗口一样移动、固定、平铺和自动隐藏它们。如果要使用多个自定义场景视图,但不希望在"场景视图"中有任何拆分,则可以将它们移动到其他位置。例如,可以在"视点"控制栏上平铺场景视图。无法浮动默认场景视图。

(6) 导航工具

使用导航栏可以访问与在模型中进行交互式导航和定位相关的工具(包括 Autodesk® ViewCube®、SteeringWheels® 和 3Dconnexion® 三维鼠标),见图 8-5。

图 8-5　导航工具

可以根据用户认为很重要而需要显示的内容来自定义导航栏。还可以在"场景视图"中更改导航栏的固定位置。

(7) 可固定窗口

从可固定窗口可以访问大多数 Autodesk Navisworks 功能。

有几个可供选择的窗口,它们被分组到几个功能区域中。

可以移动窗口,调整窗口的大小,以及使窗口浮动在"场景视图"中或将其固定在"场景视图"中(固定或自动隐藏)。

通过双击窗口的标题栏可以快速固定该窗口或使其浮动。

固定的窗口与相邻窗口和工具栏共享一条或多条边。如果移动共享边,这些窗口将更改形状以进行补偿。如有必要,也可以在屏幕上的任意位置浮动窗口。

"倾斜"窗口仅可以垂直地固定在左侧或右侧,占据画布的完整高度,或者浮动在画布上。

默认情况下，固定窗口是固定的，这意味着该窗口会以其当前尺寸显示，且可以进行移动。自动隐藏窗口并将鼠标指针从窗口移开时，该窗口会缩小为一个显示窗口名称的标签。将鼠标指针移到标签上将在画布上临时显示完全的窗口。自动隐藏窗口可以显示画布的更多内容，同时仍保持窗口可用。自动隐藏窗口还可以防止窗口成为浮动的，防止窗口被分组或取消分组。

浮动窗口是已与程序窗口中分离的一个窗口，可以根据需要围绕屏幕移动每个浮动窗口。尽管无法固定浮动窗口，但可以调整其大小以及对其进行分组。

窗口组让多个窗口在屏幕上占据相同的空间数量。对窗口进行分组之后，每个窗口都由组底部的一个标签来代表。在组中，单击标签可显示窗口。可以根据需要对窗口进行分组或取消分组，并保存自定义工作空间。在更改窗口位置之后，可以将设置另存为某个自定义工作空间。

（8）状态栏

图 8-6　状态栏

状态栏显示在 Autodesk Navisworks 屏幕的底部，无法自定义或来回移动该窗口。

状态栏右侧包含 4 个性能指示器（可为用户提供关于 Autodesk Navisworks 在计算机上的运行状况的持续反馈）、可显示/隐藏"项目浏览器"窗口的按钮以及可在多页文件中的图纸/模型之间进行导航的控件，见图 8-6。

8.2.3　文件格式

Navisworks 可以存储以下等多种文件格式。

（1）NWD

NWD 文件包含所有的几何模型图形以及 Navisworks 特有的数据，如审阅标记。可以将 NWD 文件看作是模型当前状态的快照。NWD 文件比较小，它是一种高度压缩文件，可将 CAD 数据最大压缩为原始大小的 80%，便于传递，并且可以加密、设定日期和时间。

（2）NWF

NWF 文件包含指向原始原生文件以及审阅标记的链接。此文件格式不会保存任何模型几何图形，这使得 NWF 的大小要比 NWD 小得多。但该方式不能删除原始文件。在打开 NWF 文件时，Navisworks 会自动重新载入所有已修改的原始文件，使几何图形始终保持最新。

（3）NWC

NWC 是自动生成的缓存文件，比原文件（CAD）要小。打开原文件追加新文件时，如果该原文件比较新，与追加文件近似一样，将从相应的缓存文件中读取数据。如果原文件较旧，Navisworks 将转换更新文件，并为其创建一个新的缓存文件。

8.2.4 打开模型

(1) 打开模型文件

通常将 Revit 文件先导出成 NWC 格式，再用 Navisworks 打开，最后发布成 NWF
或 NWD 格式供第三方使用。

Navisworks 软件有 2 种打开方式：

点击"应用程序"按钮→"打开"→选择→"＊＊文件"；点击快速访问工具栏中的按
钮选择"＊＊文件"。

(2) 附加和合并

在打开建筑的模型之后，用户要做的就是把结构以及设备专业在 Revit 中所建模型
经过上面步骤导出的 NWC 文件加到建筑中来。

Navisworks 提供了 2 种方法：附加与合并，见图 8-7。

两者的区别在于合并可以把重复的信息如标记删除掉。全部加进去后用户即可以进
行各专业的协调工作了。

图 8-7　附加与合并

这里需要注意一点，导入各种模型的定位，建模时应设置统一原点。

(3) 使用剖分工具浏览模型

Navisworks 软件可在当前"场景视图"中创建模型各位置的剖分平面，查看项目
模型的内部构造。通过单击"视点"选项卡→"剖分"面板→"启用剖分"可为当前视点
打开和关闭剖分。打开剖分时，会在功能区上自动显示剖分工具选项卡。

"剖分工具"选项卡"模式"面板中有 2 种剖分模式："平面"和"框"。

使用"平面"模式最多可在任何平面中生成 6 个剖面，同时仍能够在场景中导航，
从而使用户无需隐藏任何项目即可查看模型内部。默认情况下，剖面是通过模型可见区
域的中心创建的。

使用平面创建三维模型横截面的步骤如下。

单击"视点"选项卡→"剖分"面板→"启用剖分"，将在功能区中增加"剖分工具"
选项卡，并在"场景视图"中在模型中默认绘制一个平面剖面。平面 1 的默认对齐为
"顶部"。默认位置处于模型的可视区域的中心。"移动"是默认的小控件，根据需要拖
动小控件以定位当前平面。可以选择单击"剖分工具"选项卡→"保存"面板→"保存
视点"以保存当前剖分的视点。可以为当前剖面选择一种不同的对齐。可供选择的对齐
有 6 种固定对齐（顶部、底部、前面、后面、左侧、右侧）和 3 种自定义对齐（与视图
对齐、与曲面对齐、与线对齐），如图 8-8 所示。

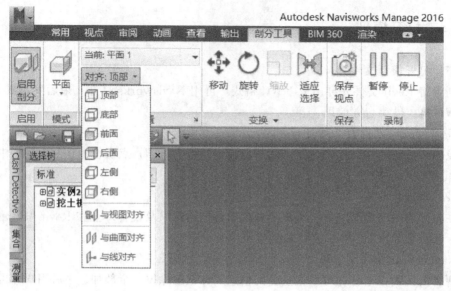

图 8-8　对齐方式

8.3　渲 染 表 现

使用"Autodesk 渲染"窗口可以访问和使用材质库、光源和环境设置。"Autodesk 渲染"窗口是一个可固定窗口，用于设置场景中的材质和光源以及环境设置和渲染质量及速度。

8.3.1　选择渲染模式

渲染通过使用已设置的照明和已应用的材质和环境设置（如背景）对场景的几何图形进行着色。

在 Autodesk Navisworks 中，可以使用 4 种渲染模式来控制在"场景视图"中渲染项目的方式。分别为："完全渲染""着色""线框"和"隐藏线"。

（1）完全渲染

在"完全渲染"模式下，将使用平滑着色渲染模型。

选择"完全渲染"模式步骤：单击"视点"选项卡→"渲染样式"面板→"模式"下拉菜单，然后单击"完全渲染"。

（2）着色

在"着色"模式下，将使用平滑着色且不使用纹理渲染模型。

选择"着色"模式的步骤：单击"视点"选项卡→"渲染样式"面板→"模式"下拉

菜单，然后单击"着色"。

(3) 线框

在"线框"模式下，将以线框形式渲染模型。因为 Autodesk Navisworks 使用三角形表示曲面和实体，所以在此模式下所有三角形边都可见。

选择"线框"模式的步骤：单击"视点"选项卡→"渲染样式"面板→"模式"下拉菜单，然后单击"线框"。

(4) 隐藏线

在"隐藏线"模式下，将在线框中渲染模型，但仅显示对相机可见的曲面的轮廓和镶嵌面边。

选择"隐藏线"模式的步骤：单击"视点"选项卡→"渲染样式"面板→"模式"下拉菜单，然后单击"隐藏线"。

8.3.2 添加照明

在 Autodesk Navisworks 中，可以使用 4 种光源模式来控制照亮三维场景的方式。分别为："全光源""场景光源""头光源"和"无光源"。

(1) 全光源

此模式使用已通过"Autodesk 渲染"工具定义的光源。

使用通过"Autodesk 渲染"定义的光源的步骤："视点"选项卡→"渲染样式"面板→"光源"下拉菜单，然后单击"全光源" ⚙ 。

(2) 场景光源

此模式使用已从原生 CAD 文件提取的光源。如果没有可用光源，则将改为使用两个默认的相对光源。可以在"文件选项"对话框中自定义场景光源的亮度。

使用对模型定义的光源的步骤：单击"视点"选项卡→"渲染样式"面板→"光源"下拉菜单，然后单击"场景光源" 🔔 。

调整场景光源亮度的步骤：

① 单击"常用"选项卡→"项目"面板→"文件选项" ▢ 。

② 在"文件选项"对话框中，单击"场景光源"选项卡。

③ 移动"环境"滑块可调整场景的亮度头光源，如果先打开场景光源，再执行此步骤，则可立即看到所做更改对场景渲染产生的效果。

(3) 头光源

此模式使用位于相机上的一束平行光，它始终与相机指向同一方向。头光源对话框见图 8-9。

可以在"文件选项"对话框→"常用"选项卡→"项目"面板中自定义"头光源"特性。

使用"头光源"模式的步骤：单击"视点"选项卡→"渲染样式"面板→"光源"下拉菜单，然后单击"头光源" 🔦 。

调整"头光源"亮度的步骤：

图 8-9 头光源

① 单击"常用"选项卡→"项目"面板→"文件选项"。

② 在"文件选项"对话框中，单击"头光源"选项卡。

③ 移动"环境"滑块可调整场景的亮度，移动"头光源"滑块可调整平行光的亮度。如果先打开"头光源"模式，再按此步骤操作，则可即时地看到所做更改对场景渲染产生的效果。

④ 单击"确定"。

（4）无光源

此模式将关闭所有光源。场景使用平面渲染进行着色。

关闭所有光源的步骤：单击"视点"选项卡→"渲染样式"面板→"光源"下拉菜单，然后单击"无光源" 。

8.3.3　选择背景效果

在 Autodesk Navisworks 中，可以选择要在"场景视图"中使用的背景效果。

当前，提供了下列选项。

（1）单色

场景的背景使用选定的颜色填充，这是默认的背景样式。此背景可用于三维模型和二维图。

（2）渐变

场景的背景使用两个选定颜色之间的平滑渐变色填充。此背景可用于三维模型和二维图纸。

（3）地平线

三维场景的背景在地平面分开，从而生成天空和地面的效果。生成的仿真地平仪可指示用户在三维世界中的方向。默认情况下，仿真地平仪将遵守在"文件选项"→"方向"中设置的世界矢量。二维图纸或在正交模式下不支持此背景。

仿真地平仪是一种背景效果，不包含实际地平面。因此，举个例子而言，如果"在地面下"导航并仰视，将看不到地平面的后面，而将从下面看到模型和使用天空颜色填充的背景。

设置单色背景的步骤：

① 单击"视图"选项卡→"场景视图"→"背景"。

② 在"背景设置"对话框中，从"模式"下拉列表中选择"单色"。

③ 从"颜色"调色板中选择所需的颜色。

④ 在预览框中查看新的背景效果，然后单击"确定"。

设置渐变背景的步骤：

① 单击"视图"选项卡→"场景视图"→"背景"。

② 在"背景设置"对话框中，从"模式"下拉列表中选择"渐变"。

③ 从"顶部颜色"调色板中选择第一种颜色。

④ 从"底部颜色"调色板中选择第二种颜色。

⑤ 在预览框中查看新的背景效果，然后单击"确定"。

为三维模型设定仿真地平仪背景的步骤：

① 单击"视图"选项卡→"场景视图"→"背景"。

② 在"背景设置"对话框中，从"模式"下拉列表中选择"地平线"。

③ 要设置渐变天空颜色，可使用"天空颜色"和"地平线天空颜色"调色板。

④ 要设置渐变地面颜色，可使用"地平线地面颜色"和"地面颜色"调色板。

⑤ 在预览框中查看新的背景效果，然后单击"确定"。

8.3.4 调整图元显示

可以在"场景视图"中启用和禁用"曲面""线""点""捕捉点"和"三维文字"的绘制。"点"是模型中的"真实"点，而"捕捉点"用于标记其他图元上的位置（例如圆的圆心），且对于测量时捕捉到该位置很有用。

(1) 曲面

曲面是构成场景中二维项目和三维项目的多个三角形，可以在模型中切换曲面的渲染。

打开/关闭曲面的渲染的步骤：单击"视点"选项卡→"渲染样式"面板→"模式"下拉菜单，然后单击"曲面"　。

(2) 线

可以在模型中切换线的渲染，还可以使用"选项编辑器"更改绘制线的线宽。

打开/关闭线的渲染的步骤：单击"视点"选项卡→"渲染样式"面板→　。

更改线宽的步骤：

① 单击"应用程序"按钮→"选项"。

② 在"选项编辑器"中，展开"界面"节点，然后单击"显示"选项。

③ 在"显示"页面上的"图元"区域中，在"线尺寸"框中输入一个介于 $1\sim 9$ 之间的数字。这将为在"场景视图"中绘制的线设置像素宽度。

④ 单击"确定"。

(3) 点

点是模型中的实际点，例如，在激光扫描文件中，点云中的点。可以在模型中切换点的渲染，还可以使用"选项编辑器"更改绘制点的大小。

打开/关闭点的渲染的步骤：单击"视点"选项卡→"渲染样式"面板→"点"　。

更改点的大小的步骤：

① 单击"应用程序"按钮→"选项"。

② 在"选项编辑器"中，展开"界面"节点，然后单击"显示"选项。

③ 在"显示"页面上的"图元"区域中，在"点尺寸"框中输入一个介于 1～9 之间的数字。这将为在"场景视图"中绘制的点设置像素大小。

④ 单击"确定"。

（4）捕捉点

捕捉点是模型中的暗示点，例如，球的中心点或管道的端点。可以在三维模型中切换捕捉点的渲染，还可以使用"选项编辑器"更改绘制捕捉点的大小，但无法在二维图纸中切换捕捉点的渲染。

打开/关闭捕捉点的渲染的步骤：单击"视点"选项卡→"渲染样式"面板→"捕捉点"。

更改捕捉点的大小的步骤：

① 单击"应用程序"按钮→"选项"。

② 在"选项编辑器"中，展开"界面"节点，然后单击"显示"选项。

③ 在"显示"页面上的"图元"区域中，在"捕捉尺寸"框中输入一个介于 1～9 之间的数字。这将为在"场景视图"中绘制的捕捉点设置像素大小。

④ 单击"确定"。

（5）三维文字

可以在三维模型中切换文字的渲染。二维图纸不支持此功能。

打开/关闭三维文字的渲染的步骤：单击"视点"选项卡→"渲染样式"面板→"文本"。

8.4 制作场景动画

Autodesk Navisworks 中的动画主要有 4 种类型。

（1）视点法

视点法就是软件通过把在不同位置保存的不同视点自动串联起来而形成动画的方法，该方法简单实用，能满足用户大部分的漫游动画要求。

视点可以单独保存，可作为检查问题的标记，并能导出图片。

（2）录制法

录制法是以用户录制好的路径输出动画。首先导入动画，选择动画，在创建中选择录制，然后按照上面的内容漫游。漫游过程将会录制下来形成动画，这里不做介绍。

（3）Animator 法

Animator 法主要可制作一些类似开门关门、开窗关窗、模型移动等简单的动画。

（4）脚本动画

脚本动画制作是指给定命令下执行动画的命令。

若向模型中添加交互性，需要创建一个动画脚本，其中应配置某些事件以及在这些事件发生时操作的命令。

8.4.1　使用并添加动画场景

场景充当对象动画的容器。每个场景可以包含下列组件：一个或多个动画集；一个相机动画；一个剖面集动画。

可以将这些场景和场景组件分组到文件夹中。除了可以轻松打开或关闭文件夹的内容以节省时间以外，这对播放不会产生任何效果。

有以下 2 种类型的文件夹：场景文件夹，用于存放场景和其他场景文件夹；文件夹，用于存放场景组件和其他文件夹。

添加动画场景的步骤如下。

① 单击"动画"选项卡→"创建"面板→Animator 动画制作工具 。

② 在"动画制作工具"树视图中单击鼠标右键，然后在关联菜单上单击"添加场景"。

③ 单击默认场景名称，然后键入一个新名称。（需要使用将来可帮助用户识别场景的名称）

④ 定点设备：单击 ，然后在关联菜单上单击"添加场景"。

添加场景如图 8-10 所示。

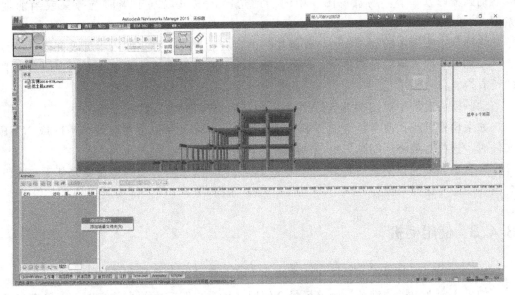

图 8-10　添加场景

⑤ Navisworks 可以创建模型动画并与其进行交互。"Animator"和"Scripter"窗口是 Autodesk Navisworks 中的两个可固定窗口，用于创建和编辑对象动画。使用"Animator"窗口可以在模型中创建动画对象。使用"Scripter"窗口可向模型中的动画对象添加交互性。

打开"Animator"窗口有如下两种方式:功能区,"动画"选项卡→"创建"面板→"Animator";工具栏,"工作空间"→"Animator"。"Animator"旁边为"Scripter"。

⑥ 关键帧。在时间轴中显示为黑色菱形。可以通过在时间轴视图中向左或向右拖动黑色菱形来更改关键帧出现的时间。随着关键帧的拖动,其颜色会从黑变为浅灰。

在关键帧上单击鼠标左键会将时间滑块移动到该位置。在关键帧上单击鼠标右键会打开快捷菜单。

⑦ 动画条。彩色动画条用于在时间轴中显示关键帧,并且无法编辑。每个动画类型都用不同颜色显示,场景动画条为灰色。通常情况下,动画条以最后一个关键帧结尾。如果动画条在最后一个关键帧之后逐渐褪色,则表示动画将无限期播放(或循环播放动画)。

8.4.2 使用并添加动画集

动画集包含要为其创建动画的几何图形对象的列表,以及描述如何为其创建动画的关键帧的列表。

场景可以包含所需数量的动画集,还可以在同一场景的不同动画集中包含相同的几何图形对象。场景中的动画集的顺序很重要,当在多个动画集中使用同一对象时,可以使用该顺序控制最终对象的位置。

动画集可以基于"场景视图"中的当前选择,也可以基于当前选择集或当前搜索集。

添加基于选择集的动画集时,动画集的内容会随着源选择集的内容更改自动更新。

添加基于搜索集的动画集时,动画集的内容会随着模型更改而更新以包含搜索集中的所有内容。

动画播放过程中对搜索集/选择集所做的任何更改都将被忽略。

如果模型更改,使得特定动画中的对象丢失,则在重新保存相应的 NWD 或 NWF 文件时,这些对象将从动画集中自动删除。

最后,如果选择集或搜索集已被删除而非丢失,则相应的动画集会变成基于上次包含内容的静态选择对象。

8.4.3 使用相机

相机包含视点列表,以及描述视点移动方式的关键帧可选列表。

如果未定义相机关键帧,则该场景会使用"场景视图"中的当前视图。如果定义了单个关键帧,相机会移动到该视点,然后在场景中始终保持静态。最后,如果定义了多个关键帧,则将相应地创建相机动画。

可以添加空白相机,然后操作视点,也可以将现有的视点动画直接复制到相机中。

每个场景只能包含一个相机。

（1）添加空白相机的步骤

① 如果"动画制作工具"窗口尚未打开，可以单击"动画"选项卡→"创建"面板→"动画制作工具" 。

② 在所需的场景名称上单击鼠标右键，然后在关联菜单上单击"添加相机"→"空白相机"。

（2）添加包含现有视点动画的相机的步骤

① 如果"动画制作工具"窗口尚未打开，可以单击"动画"选项卡→"创建"面板→"动画制作工具" 。

② 从"视点"控制栏中选择所需的视点动画。

③ 在所需的场景名称上单击鼠标右键，然后在关联菜单上单击"添加相机"→"从当前视点动画"。

Autodesk Navisworks 会自动将所有必需的关键帧添加到时间轴视图中。

（3）捕捉相机视点的步骤

① 如果"动画制作工具"窗口尚未打开，可以单击"动画"选项卡→"创建"面板→"动画制作工具" 。

② 在"Animator"树视图中选择所需的相机。

③ 单击"动画制作工具"工具栏上的"捕捉关键帧" ，使用当前视点创建关键帧。

④ 在时间轴视图中，向右移动黑色时间滑块，以设置所需的时间。

⑤ 使用导航栏上的按钮更改当前视点。或者，从"视点"控制栏上选择某个已保存的视点。

⑥ 要捕捉关键帧中的当前对象更改，可单击"动画制作工具"工具栏上的"捕捉关键帧" 。

8.4.4 使用剖面集

剖面集包含模型的横断面切割列表，以及用于描述横断面切割如何移动的关键帧列表。每个场景只能包含一个剖面集。

8.4.5 使用关键帧

关键帧用于定义对模型所做更改的位置和特性。

通过单击"动画制作工具"工具栏上的"捕捉关键帧" 可以创建新关键帧。每当单击该按钮时，Autodesk Navisworks 都会在黑色时间滑块的当前位置添加当前选定动画集、相机或剖面集的关键帧。

从概念上而言，关键帧表示上一个关键帧的相对平移、旋转和缩放操作，对于第一个关键帧而言，则指模型的开始位置。

关键帧与场景彼此相对应并且相对应于模型可创建动画的开始位置。这意味着如果在场景中移动对象（例如，如果打开模型的新版本或在 Autodesk Navisworks 中使用移动工具），将相对于新开始位置而不是动画的原始开始位置创建动画。

平移、缩放和旋转操作是累积的。这意味着如果特定对象同时位于两个动画集中，则将执行这两个操作集。因此，如果两者均通过 X 轴平移，对象移动的距离将为原来的 2 倍。

如果动画集、相机或剖面集时间轴的开头没有关键帧，则时间轴的开头将类似于隐藏的关键帧。因此，假设有一个几秒的关键帧，并且该关键帧启用了"插值"选项，则在开头的几秒，对象将在其默认开始位置和第一个关键帧中定义的位置之间插值。

可以为动画集、相机和剖面集编辑捕捉的关键帧。

如果"动画制作工具"窗口尚未打开，可单击"动画"选项卡→"创建"面板→"动画制作工具"。

在时间轴视图中的所需关键帧上单击鼠标右键，然后在关联菜单上选择"编辑"。

使用"编辑关键帧"对话框调整动画。

单击"确定"保存更改，或单击"取消"退出该对话框。

8.4.6　播放动画场景

(1) 在"Animator"窗口中播放场景的步骤

① 如果"动画"窗口尚未打开，可以单击"动画"选项卡→"创建"面板→"动画制作工具"。

② 从"场景选择器"下拉列表中，选择要在"Animator"树视图中播放的场景。

③ 单击"动画制作工具"工具栏上的"播放"。

(2) 调整场景播放的步骤

① 如果"动画制作工具"窗口尚未打开，可以单击"动画"选项卡→"创建"面板→"动画制作工具"。

② 在"Animator"树视图中选择所需的场景。

③ 使用"循环播放""P.P."和"无限"复选框可以调整场景播放的方式。

- 如果希望场景连续播放，可以选中"循环播放"复选框。当动画结束时，它将重置到开头并再次运行。

- 如果希望场景在往复播放模式下播放，可以选中"P.P."复选框。当动画结束时，它将反向运行，直到到达开头。除非还选中了"循环播放"复选框，否则该播放将仅发生一次。

- 如果希望场景无限期播放（即在单击"停止"前一直播放），可以选中"无限"复选框。如果取消选中该复选框，场景将一直播放到结束为止。选中"无限播放"会禁用"循环播放"和"P.P."。

如有必要，可以使用"活动""循环播放"和"P.P."复选框调整单个场景组件的播放。这样将仅播放具有"活动"复选框的动画。

8.5　制作漫游案例

8.5.1　视点法

(1) 无第三人模式

① 打开 Navisworks 软件自带的案例，路径："C:\Program Files \ Autodesk \ Navisworks Manage 2016 \ Samples \ Getting Started"，载入自带的模型文件，对模型的背景以及灯光明暗进行简单调整，见图 8-11。

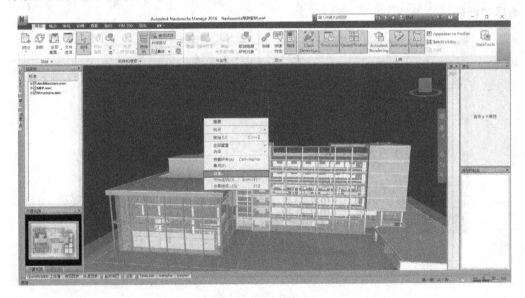

图 8-11　调整模型

在模式中选择地平线，单击"确定"，见图 8-12。

② 在视点中，选择合适的角度点击保存视点。选择"视点"选项卡，单击"保存视点"或在右侧"保存的视点"对话框中右击鼠标左键，单击"保存视点"，见图 8-13。

单击右侧选项卡中的"漫游"，按住左键不放，向前拖动鼠标，之后再保存一个视点。

③ 视点设置好后，在右侧保存的视点中单击右键→"添加动画"，然后将保存的视图拖入动画中，保存的视点需要连贯，按一定的路径选取，按选取顺序添加至动画中，

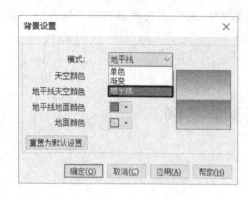

图 8-12 "背景设置"对话框

其中视点可以为多个,见图 8-14。

④ 在选项卡中选择"动画",按"播放"按钮,播放动画,即可完成视点动画,见图 8-15。

(2)第三人模式

① 选择漫游,再点真实效果→勾选第三人,碰撞、重力、蹲伏根据实际需要点选,将人移动到地面。

在漫游下拉菜单中有重力和碰撞,选择重力的意思是人的脚步紧贴着地面,前提是有地面,如果是空中,会无限地往下掉。碰撞是指人遇到障碍是不能穿越的。一般选择重力时,碰撞也就自动选择,不选重力和碰撞,则无限制地漫游,见图 8-16、图 8-17。

② 对人物进行调整,可以调整人物的高矮胖瘦等来检验是否会碰撞,还可以调整人物与镜头距离、角度以及人物造型等,在"视点"选项卡中,选择"编辑当前视点",选择"设置",见图 8-18。

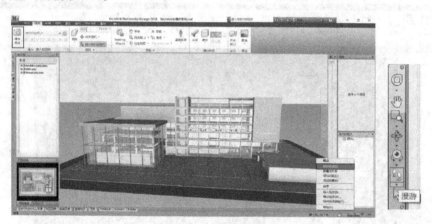

图 8-13 保存视点

图 8-14 保存的视点

图 8-15 播放动画

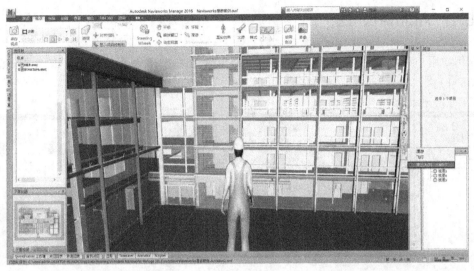

图 8-16 第三人模式（一）

图 8-17 第三人模式（二）

图 8-18 对人物进行调整

③ 我们选择右边竖选卡，单击漫游，调好角度和高度，一般是正对大门，按住鼠标左键不放，向前滑动，漫游自动进行，鼠标向左右摆动，视角也随之改变。在行走的过程中用户保存想要的视点，之后按"无第三人动画"那样制作出动画。

8.5.2 Animator 法

例如用户想制作一个门开和门闭的动画，应首先选择"动画"选项卡 Animator，见图 8-19。

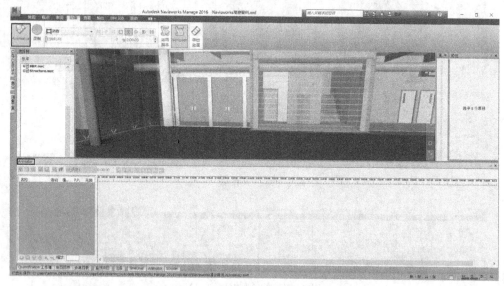

图 8-19 选择"动画"选项卡 Animator

① 添加场景，见图 8-20。

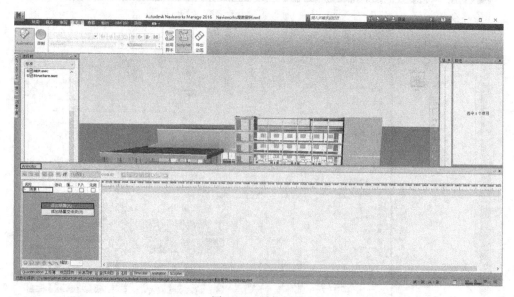

图 8-20 添加场景

② 添加动画集。在视图窗口单击鼠标右键，选择"将选取精度设置为几何图形"见图 8-21。选中要移动的物体，右键单击场景"添加动画集"→"从当前选择"，见图 8-22。

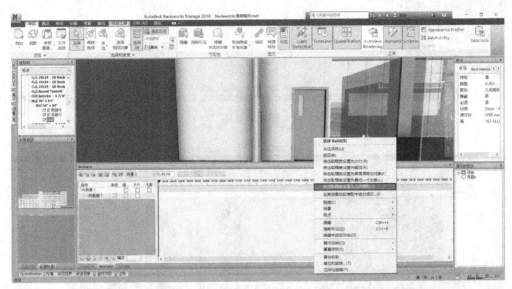

图 8-21　选择"将选取精度设置为几何图形"

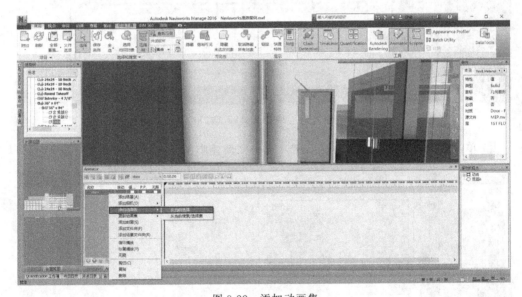

图 8-22　添加动画集

③ 根据需要选择移动旋转等工具，在初始位置捕捉关键帧，在结束位置捕捉关键帧，见图 8-23、图 8-24。

④ 单击播放，一个简单的移动动画制作完成。

8.5.3　脚本动画法

① 首先要用 Animator 法制作一个开门动画，方法见 8.5.2。

图 8-23　捕捉关键帧（一）

图 8-24　捕捉关键帧（二）

② 单击启动脚本，单击"Scripter"，单击"新建脚本"，如图 8-25 所示。

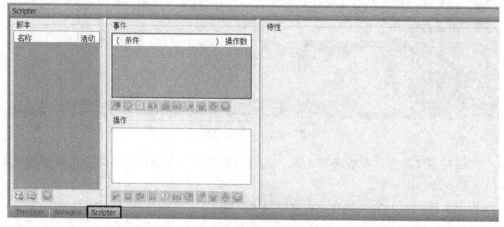

图 8-25　新建脚本

③ 在事件下方的按钮中，根据不同需要可以选择不同的触发方式，有启动时触发、计时器触发、按键触发、碰撞触发、热点触发、变量触发、动画触发。开关门动画选择

热点动画，设置好热点造型、门的位置以及触发半径，如图 8-26 所示。

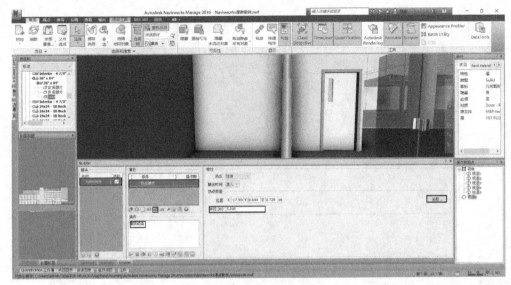

图 8-26 设置为"热点触发"

④ 然后在操作栏下，右键选择要触发的动画，选择制作好的开门动画，一个简单的脚本动画就制作完成了，关门动画是同样的道理，触发时间选择离开就可以。

第 9 章
协 同 工 作

本章要点

链接模型

使用工作集协同设计

在大型 BIM 机电设计项目中，由于时间限制等各种因素，一个项目的设计过程不可能由一个人来完成，往往需要水、暖、电等各专业的协同工作。如建筑专业要提供标高和轴网等信息给结构/设备专业，给排水和暖通专业要提供设备的位置和设计参数给电气专业进行配线等。电气专业的灯具同时要避免同暖通专业的风口碰撞等。于是 Revit 的协同工作解决方案——工作集诞生了。Revit 软件提供的"链接模型""工作共享"等功能可以帮助设计团队进行高效的协同工作。提高设计质量和设计效率，有效地解决了传统设计流程中工程信息交互滞后和设计人员沟通协调不畅的问题。

9.1 链 接 模 型

Revit 项目中可以链接的文件有 Revit 的 RVT 文件、AutoCAD 文件（DWG/DXF/DGN/SAT 和 SKP）和 DWF 格式的文件。本节重点介绍 Revit 模型的链接、管理等操作方法。"链接模型"是指工作组成员在不同专业项目文件中以链接模型共享设计信息的协同设计方法。这种设计方法的特点是：各专业主体文件独立，文件较小，运行速度较快，主体文件可以时时读取链接文件信息以获得链接文件的有关修改通知。采用"链接模型"方法进行项目设计的核心是：链接其他专业的项目模型，并应用"复制/监视"功能监视链接模型中的修改。建筑、结构项目文件也可链接项目文件，实现三个专业文件互相链接。这种专业项目文件的互相链接也同样适用于各设备专业（给排水、暖通和电气）之间。

9.1.1 链接 Revit 模型

(1) 插入链接模型

选择要打开专业的机电安装项目的样板文件，新建一个项目或打开现有的项目。单击"插入"→"链接 Revit"，打开"导入/链接 RVT"对话框，见图 9-1。在该对话框中，选择需要链接的 Revit 模型。

指定"定位"方式。在"定位"一栏中有 6 个选项，见图 9-2。大多数情况下选择"自动-原点到原点"。"定位"栏各选项的意义分别是：自动-中心到中心，将导入的链接文件的模型中心放置在主体文件的模型中心，Revit 模型的中心是通过查找模型周围的边界框中心来计算的；自动-原点到原点，将导入的链接文件的原点放置在主体文件的原点上，用户进行文件导入时，一般都应该使用这种定位方式；自动-通过共享坐标，根据导入的模型相对于两个文件之间共享坐标的位置，放置此导入的链接文件的模型，如果文件之间当前没有共享的坐标系，这个选项不起作用，系统会自动选择"中心到中心"的方式，该选项仅适用于 Revit 文件；手动-原点，手动把链接文件的原点放置在主体文件的自定义位置；手动-基点，手动把链接文件的基点放置在主体文件的自定义位置，该选项只用于带有已定义基点的 AutoCAD 文件；手动-中心，手动把链接文件

图 9-1　打开"导入/链接 RVT"对话框

的模型中心放置到主体文件的自定义位置。

图 9-2　"定位"栏中的 6 个选项

单击右下角的"打开"按钮，该建筑模型就链接到了项目文件中。模型链接到项目
文件中后，在视图中选择链接模型，可对链接模型执行拖曳、复制、粘贴、移动和旋转
等操作。可以将链接模型锁定以免被意外移动。选中链接模型，单击功能区中"修改→
"锁定" 按钮，如图 9-3 所示，链接模型
即被锁定。

(2) 链接模型属性

① 实例属性　单击链接模型，在"属
性"对话框（图 9-4）中，可查看其实例
属性。

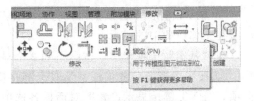

图 9-3　链接模型被锁定

a. 名称　指定链接模型实例的名称。在项目中生成链接模型的副本（即复制链接
模型）时，会自动生成名称。可以修改名称，但名称必须唯一。

b. 共享场地　指定链接模型的共享位置。

图 9-4 "属性"对话框

② 类型属性 单击"属性"对话框中的"编辑类型",可查看链接模型"类型属性"。

a. 房间边界 勾选该选项,可使主体模型识别链接模型中图元的"房间边界"参数。如果将建筑模型链接到 MEP 模型中,通常勾选该选项,可读取建筑模型中房间边界信息放置的空间。

b. 参照类型 确定将主体模型链接到其他模型中时,将显示("附着")还是隐藏("覆盖")此链接模型。

c. 阶段映射 指定链接模型中与主体项目中的每个阶段等价的阶段。

(3) 可见性/图形替换设置

打开主体文件,单击功能区中"视图"→"可见性/图形"或者直接键入"VV"或"VG",打开"可见性/图形替换"对话框,见图 9-5。

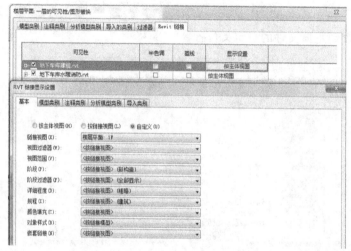

图 9-5 "可见性/图形替换"对话框

"可见性/图形替换"对话框中"Revit 链接"选项卡包括以下内容。

① 可见性:勾选该选项显示视图中的链接模型,取消勾选则隐藏链接模型。

② 半色调:勾选该选项,按半色调显示链接模型。这样有助于区分模型中的图元和当前项目中的图元。

③ 显示设置:单击该按钮,打开"RVT 链接显示设置"对话框,进一步设置链接模型在主体模型中的显示。

在"基本"选项卡中,选择下列 3 个显示设置之一。

① 按主体视图:链接模型及嵌套链接模型的显示按主体项目的视图设置。选择该选项,"RVT 链接显示设置"对话框各选项卡中的所有选项都不可编辑。

② 按链接视图:链接模型及嵌套链接模型的显示按其链接模型本身的视图设置。选择该选项,仅可在"基本"选项卡的"链接视图"一栏中选择依据的视图。

③ 自定义:允许对链接模型及嵌套链接模型的显示进行控制。选择该选项,"模型类别""注释类别""分析模型类别""导入类别"和"工作集"选项卡都被激活,可以

分别对它们进行设置。如果在链接文件中使用了"设计选项"的话，则"设计选项"选项卡也可使用。

（4）链接模型中的图元

① 查看图元属性 在绘图区域中，将光标移动到要查看的图元上，按"Tab"键直到链接模型（包括其中的嵌套模型）中的图元高亮显示，然后单击该图元将其选中，可查看图元的属性。

② 对齐图元 可以将链接模型中的图元用作尺寸标注和对齐的参照，也可以创建主体模型中的图元和链接模型中的图元之间的限制条件，例如，将链接楼层约束到主体模型中的标高。当链接模型所约束到的图元移动时，链接模型会作为整个实体移动。对于链接模型（或链接模型中的某个图元）的约束仅会移动链接模型，而不会移动主体模型中的图元，不允许对使用共享位置的链接进行约束。

③ 标记图元 在主体模型的某个视图中标记图元时，也可以标记链接模型和嵌套链接模型中的图元，可以通过"按类别标记"或"全部标记"工具，在标记主体模型中图元的同时标记链接图元。例如，单击功能区中"注释"→"全部标记"，打开"标记所有未标记的对象"对话框，见图9-6，勾选"包括链接文件中的图元"，然后进行标记。

在主体视图中，当标记链接模型的图元时，这些标记仅存在于主体模型中，而并不存在于链接模型中。在标记主体图元时，可以编辑标记中所显示的值，从而修改图元的属性。但在标记链接图元时，不能通过编辑标记来修改链接图元的属性。当标记链接模型中的房间时，如果当前模型中的房间与要放置标记的链接模型中的房间重叠，则将标记当前模型中的房间。同理，当标记面积和空间时，也遵循当前模型优先的原则。当标记链接文件中的其他图元时，如果这些图元与当前文件中的图元重叠，按"Tab"键将高亮显示链接文件中的图元，可对其进行标记。如果在标记了链接模型中的图元后，卸载或丢失了链接

图 9-6 "标记所有未标记的对象"对话框

模型，则标记不再显示在主体模型中，链接模型恢复后，标记重新显示在原来的位置。如果删除了链接模型，则标记从主体模型中删除，再次链接模型，则必须重新添加标记。如果在主体模型中标记了链接图元，而这些图元在链接模型中发生了移动，其标记会随着图元在主体视图中移动，相对于图元的位置保持不变。如果标记所对应的链接图元被删除，标记仍会孤立存在。

④ 复制图元 可以将链接模型中的图元复制到剪贴板，然后将其粘贴到主体模型中。其操作方法是：

a. 在绘图区域中，将光标移动到要复制的链接模型中的图元上，按"Tab"键直到要复制的图元高亮显示，然后单击该图元将其选中；

b. 单击功能区中"修改"→"复制"按钮；

c. 单击功能区中"修改"→"粘贴"按钮，见图9-7。

图 9-7 "粘贴"按钮

(5) 协调主体

图元在以下两种情况下可能会被孤立：在主体项目中添加了一个以链接模型中某图元为主体的图元，而该链接图元后来被移动或删除；在主体项目中为链接模型中某个图元添加了标记，而后来从链接模型中删除了该链接图元，则标记被孤立。如果出现孤立图元，在打开主体项目时，会显示"协调监视警报"，提示需要协调主体，用户可以在主体项目中查看这些孤立图元，并为其选择新的主体或者将其从主体项目中删除。

(6) 传递项目标准

① 可使用"传递项目标准"将项目标准从链接模型传递到主体模型。项目标准包括族类型（只包括系统族，而不是载入的族）、线宽、材质、视图样板、机械设置、电气设置和对象样式。传递项目操作方法是：打开主体模型，单击功能区中"管理"→"传递项目标准"，打开"选择要复制的项目"对话框，见图 9-8。

② 在"选择要复制的项目"对话框中，选择要从中复制的源文件（即主体模型中的链接模型）。

图 9-8 "选择要复制的项目"对话框

③ 选择所需的项目标准，单击"确定"。

9.1.2 管理链接

打开"管理链接"的方法有以下两种：

① 单击功能区中"插入"→"管理链接"，见图 9-9；

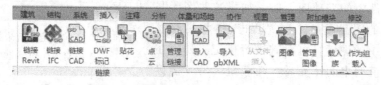

图 9-9 打开"管理链接"的方法（一）

② 单击功能区中"管理"→"管理链接"，见图 9-10。

图 9-10 打开"管理链接"的方法（二）

(1) 链接文件信息

"管理链接"对话框中有"Revit""IFC""CAD 格式""DWF 标记"和"点云"等选项卡。选项卡下面的各列表提供了有关链接文件的信息。Revit可以在"管理链接"对话框中对信息进行排序，单击列页眉，如图 9-11 所示，可按该列中的值对链接进行排序。再次单击该列页眉，可按相反的顺序进行排序。

单击"Revit"选项卡，见图 9-11。在"Revit"选项卡中显示了链接文件的"状

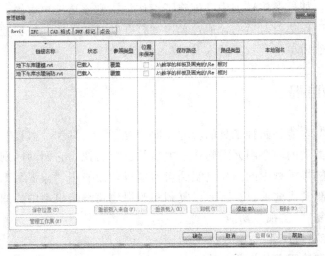

图 9-11 "Revit"选项卡

态""参照类型""位置未保存""保存路径""路径类型"和"本地别名"信息。

① 状态/位置未保存/保存路径/本地别名

a. 状态　指示在主文件中是否载入链接文件。该文字将显示为"已载入""未载入"或"未找到"。

b. 位置未保存　指示链接模型的位置是否保存在共享坐标系中。

c. 保存路径/本地别名　"保存路径"指示的是链接文件在计算机上的位置。在"工作共享"中，如果链接模型为中心文件的本地别名，则"保存路径"下显示的是它中心文件的路径。"本地别名"指示的是本地文件的本地位置，如果链接文件已经是中心文件了，则本地文件为空。

② 路径类型　在"路径类型"的下拉列表中有 2 个选项："相对"和"绝对"。使用时通常选择"相对"，这样当项目文件跟链接文件一起移动到新目录中，链接可以正常工作；如果选择"绝对"，链接将被破坏，需要重新载入。如果连接到工作共享的项目（如其他用户需要访问的中心文件）一起移动到中心文件，文件可能不会移动，最好使用绝对路径。

(2) 链接管理选项

在"链接的文件"列下单击多个链接文件，可通过以下选项对链接文件进行相关操作。

保存位置：保存链接实例的新位置。

重新载入来自：如果链接文件已被移动，更改链接的路径。

重新载入：载入最新版本的链接模型。也可以先关闭项目再打开项目，链接的项目将自动载入。如果启用了工作共享，则链接将包含在工作集中。如果更新链接文件并想重新载入该链接，则该链接所处的工作集必须处于可编辑状态。如果工作集不可编辑，则会显示一条错误信息，指示由于工作集未处于可编辑状态，因而不能更新链接。

卸载：删除项目中链接模型的显示，但继续保留链接。

删除：从项目中删除链接。

管理工作集：如果链接模型中已创建了工作集，则该选项可编辑。单击该选项，打开"管理链接的工作集"对话框，通过单击"打开"和"关闭"按钮控制链接模型中工作集的可见性，然后单击"重新载入"，载入更新。

9.1.3 复制/监视

"复制/监视"功能是两种工具的合称，即"复制"工具和"监视"工具。这两种工具都可以在相同类型的两个图元之间建立关系并进行监视。它们的区别在于：使用"复制"工具需要将链接模型中的图元复制到当前项目，而使用"监视"工具，无须将链接模型中的图元复制到当前项目。下面以复制和监视建筑链接模型中的图元为例说明如何在设计中应用"复制/监视"功能。

9.1.3.1 复制标高等图元

(1) 复制标高等图元的操作方法

① 启动"复制"工具。链接建筑模型后，在项目文件中，单击功能区中"协作"→"复制/监视"→"选择链接"，见图9-12。如果选择"使用当前项目"，则复制和监视当前项目中选定图元。

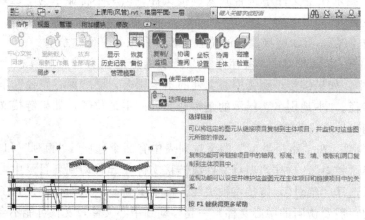

图 9-12 启动"复制"工具

② 单击"使用当前项目"后，激活"复制/监视"选项卡，见图9-13。

图 9-13 激活"复制/监视"选项卡

(2) 指定"选项"

在选择要复制的图元之前，先指定图元类型的选项。单击"复制/监视"选项卡中"选项"，打开"复制/监视选项"对话框，见图9-14。在该对话框中包含针对各自图元类型的设置，"标高""轴网""柱""墙"和"楼板"选项卡，可以设置复制图元与原始图元的关系。

① 标高的复制参数　标高的复制参数见图9-14。

a. 标高偏移　以原始标高为基准，根据指定的值垂直偏移复制的标高。

b. 重用具有相同名称的标高　选择该选项时，如果当前项目中包含的某一标高与链接模型中的某一标高同名，则将当前项目中的现有标高移动到与链接模型中相应标高相匹配的位置，并在这些标高之间建立监视。

c. 重用匹配标高　有3个选项，见图9-15。

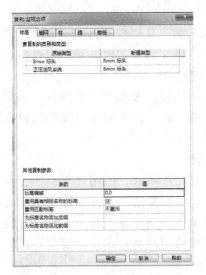 

图9-14　"复制/监视选项"对话框　　　　图9-15　标高的复制参数

不重用：创建标高的副本（即使当前项目已在相同高程包含标高）。

如果图元完全匹配，则重用：如果当前项目中包含的某一标高与链接模型中的某标高位于相同高程，则不会复制链接模型中的标高，而是在当前项目和链接模型中的这些标高之间建立监视。

如果处于偏移内，则重用：如果当前项目中包含的某一标高与链接模型中的某一标高所位于的高程近似，则不会复制相向的标高，而是在当前项目和链接模型中的这些标高之间建立监视。

d. 为标高名称添加后缀/前缀　输入为复制的标高名称添加的后缀和前缀。

② 轴网的复制参数　轴网的复制参数见图9-16。

a. 重用具有相同名称的轴网　选择该选项时，如果当前项目中包含的某一条轴网线与链接模型中的某一条轴网线同名，则不会创建新的轴网线，而是使当前项目中的现有轴网线移动到与链接模型中相应轴网线相匹配的位置，并在这些轴网线之间建立监视。

b. 重用匹配轴网　有2个选项。

不重用：创建轴网线的副本。

如果图元完全匹配，则重用：如果当前项目中包含的某一轴网线与链接模型中的某轴网线位于相同位置，则不会复制链接模型中的轴网线，而是在当前项目和链接模型中的这些轴网线之间建立监视。

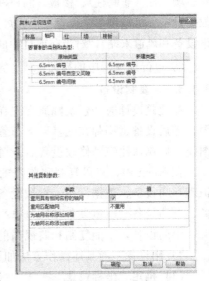

图9-16　轴网的复制参数

c. 为轴网名称添加后缀/前缀：输入要复制的轴网名称添加的后缀和前缀。

③ 柱的复制参数　按标高拆分柱：如果勾选该参数，在链接模型内的多个标高中延伸的柱在复制到当前项目中时将在标高线被拆分为更短的柱，使用此功能可以帮助结构工程师避免分析模型中的问题，见图9-17。

图 9-17　柱的复制参数

④ 墙的复制参数　复制窗门/洞口：如果勾选该参数，则复制的墙将包含基于主体的洞口（包括例如门和窗等插入对象的洞口）。

⑤ 楼板的复制参数　复制洞口附属件：如果勾选该参数，则复制的楼板将包含基于主体的洞口和附属件（例如竖井洞口）。

(3) 复制图元

指定图元类型的选项后，使用"复制"工具创建选定图元的副本，并在复制的图元和原始图元之间建立监视关系。如果原始图元发生修改，则打开主体项目或重新载入链接模型时会显示一条警告。按以下步骤选择并复制图元。

① 在"复制/监视"选项卡中单击"复制"后激活"复制/监视"，见图9-18。

② 在绘图区中选择一个图元。如果要选择多个图元，则勾选"复制/监视"选项栏中的"多个"，然后在绘图区域中选择图元，单击选项栏中的"过滤器"按钮，使用"过滤器"选择图元类别，单击"确定"并在选项栏中单击"完成"。

图 9-18　激活"复制/监视"功能

链接模型中可以被复制的图元类别有：标高、轴网、墙、柱（非斜柱）、楼板、洞口和设备（卫浴装置、喷头、安全设备、护理呼叫设备、数据设备、机械设备、火警设备、灯具、照明设备、电气装置、电气设备、电话设备、通讯设备和风道末端），对当前项目中的设备，无法应用"复制监视"的"复制"工具。

③ 单击选项卡中的按钮，完成复制。

9.1.3.2　复制设备

在建筑设计时，建筑师通常先在建筑模型中布置一些卫生器具（装置）和照明设备等，随后设备工程师在此基础上布置管线。在链接模型后，通常需要复制和监视这部分图元，以确保建筑师修改设备后设备工程师能及时收到通知。

在 Revit 中，可以复制和监视的设备类图元类别有：卫浴装置、喷头、安全设备、护理呼叫设备、数据设备、机械设备、火警设备、灯具、照明设备、电气装置、电气设备、电话设备、通讯设备和风道末端。只能复制和监视链接模型（不包括其中的嵌套模型）中的设备，不能复制和监视当前项目中的设备。

"复制设备"的具体操作方法如下。

(1) 指定"坐标设置"

选择要复制的设备之前，先指定设备的"复制行为"和"映射行为"。单击功能区中"协作"→"坐标设置",打开"协调设置"对话框,见图 9-19。

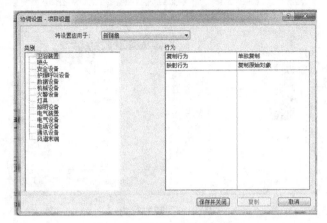

图 9-19 "协调设置"对话框

在"协调设置"对话框中,在"将设置应用于"一栏中选择"新链接"(针对之后添加到主体项目中的链接)或"主体项目中某链接模型",然后为不同类别的图元分别指定"复制行为"和"映射行为"。

"复制行为"有 3 个选项,见图 9-20。

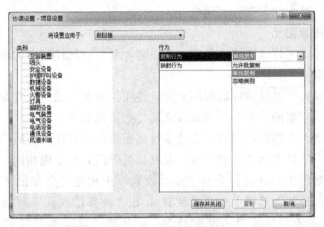

图 9-20 复制行为

① 允许批复制:选择该项后,在启动"复制""监视"工具时,可通过单击"复制/监视"选项卡中的"批复制"工具,在批处理模式下复制所选类别中的设备。

② 单独复制:所选类别中的设备将不会以批处理模式进行复制,只能使用"复制/监视"选项卡中的"复制"工具来选择要复制的某个设备。

③ 忽略类别:不将该类别的任何设备从链接模型复制到当前项目。

"映射行为"有 2 个选项,见图 9-21。

① 复制原始对象:选择该项后,所复制的设备与链接模型中的原始设备将具有相同的族类型,如果主体项目中已包含同名的族类型,则所复制设备的类型名称之后会附加一个数字以示区别。

② 指定类型映射:该选项只有在"将设置应用于"一栏选择为某一导入的链接模

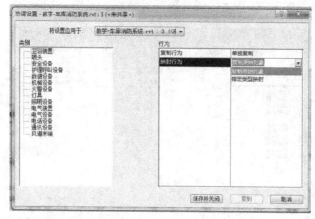

图 9-21　映射行为

型时才被激活，如果选择"新链接"，则不能激活该选项，只能复制原始对象。在将设备复制到主体项目时，Revit 将使用为每个类别指定的映射。该映射定义了建筑项目中的设备类型与项目中的设备类型之间的对应关系。对于该类别中的每个设备类型，可以选择"复制原始类型""不复制此类型"，或选择项目中所载入的族类型。在将设备复制到项目中时，将使用这些类型映射。

指定完毕后，单击"保存并关闭"。

（2）复制标高等图元

很多设备是基于主体（实体）的族，所以需先复制建筑模型中的标高等图元。

（3）复制设备

指定"坐标设置"并复制标高等图元后，使用"复制"或"批复制"工具创建选定设备的副本，并在复制的设备和原始设备之间建立监视关系。

如果原始设备发生修改，则打开主体项目或重新载入链接模型时会显示一条警告。

使用"复制"工具复制设备的步骤与复制标高等图元的步骤相同。

使用"批复制"工具的前提是在"坐标设置"中指定"允许批复制"为"复制行为"，单击"复制/监视"选项卡中"批复制"，在"设备已找到"对话框中，单击"复制设备"。如果仍需重新指定类型映射行为，则选择"指定类型映射行为，并复制设备"，打开"协调设置"对话框进行设置后，单击对话框中的"复制"。

9.1.3.3　监视

"复制/监视"选项卡中的"监视"工具和"复制"工具的区别在于，使用"监视"工具，无须将链接模型中的图元复制到当前项目，就可以在相同类别的两个图元之间建立关系并进行监视。如果原始图元发生修改，则打开主体项目或重新载入链接模型时会显示一条警告。不能在不同类别的图元之间建立这种监视关系。使用"监视"工具的操作方法如下。

① 在"复制监视"选项卡中单击"监视"。

② 选择当前项目中的某一图元。

③ 选择链接模型中相同类型的某一图元，则在步骤②中选择的当前项目的图元旁边将显示一个监视符号，以指示该图元与链接模型中的原始图元有关。

④ 根据需要，继续选择任意多个图元对。

⑤ 单击选项卡中的"确定"按钮。

9.1.3.4 协调查阅

在执行"复制/监视"之后，使用"协调查阅"工具查阅有关被移动、修改或删除的图元的警告列表。各专业设计人员可以定期查阅该列表，并与其他设计人员进行沟通，解决建筑模型改进的问题。

使用"复制/监视"工具在图元之间建立关系后，如果受监视图元对应的链接模型中的原始图元被移动、修改或删除，则打开主体项目或重新载入链接模型时会显示一条警告，可以单击"展开"，查看需要协调的链接模型的名称，然后单击"确定"，关闭消息。

"协调查阅"对话框中可执行的操作如下。

(1) 成组条件

可按"状态""类别"和"规则"组织消息，通过选择"成组条件"修改列表的排序方式，通过勾选对话框下方"推迟"和"拒绝"复选框可以进一步按"状态"对消息进行过滤。

(2) 操作

"操作"下拉列表中的可用操作值随修改类型的不同而发生变化，主要有以下几种。

不进行任何操作：不采取任何操作，可以以后再解决修改。

不推迟：暂时不做操作，可以以后再解决修改。

拒绝：选择该操作表明拒绝修改项目中的图元。

接受差值：选择该操作表明接受对受监视的图元进行的修改，并可更新相应的关系，而无须修改相应的图元。

修改：当轴网线或墙中心线已更改或移动时，选择"修改"可将该更改应用于当前项目中的相应图元。

重命名：受监视的图元的名称已更改。

移动：选择"移动"可将该更改应用于当前项目中的相应图元。

移动设备：选择该操作将主体模型中的设备移动到该设备在链接模型中的位置。

忽略新图元：选择该操作可忽略主体中的新图元，将不监视对该图元进行的更改。

复制新图元：选择该操作可将该新图元添加到主体中，并监视对该图元进行的更改。

删除图元：选择该操作可删除当前项目中的相应图元。

复制草图：当受监视洞口的草图或边界已更改时，选择该操作可更改当前项目中的相应洞口。

更新范围：当受监视图元的范围已经更改时，选择该操作可更改当前项目中的相应图元。

(3) 注释

可以为每一个更改的图元添加注释，以帮助设计人员协调查阅，并理解修改情况。在"注释"列中，单击"添加注释"，在"编辑注释"对话框中输入注释，单击"确定"。

(4) 显示

在"消息"列中选择图元，查找已修改的图元，然后单击对话框左下边的"显示"按钮，使得绘图区域该图元将高亮显示。

(5) 创建报告

要保存修改、操作和注释的记录，或者与其他相关设计人员进行沟通交流，可单击"创建报告"，在"导出 Revit 协调报告"对话框中指定文件名称和保存位置，单击"保存"，生成 HTML 格式的报告。

9.2　使用工作集协同设计

首先，我们先了解工作集协同设计的相关概念。

工作集（workset）：项目中构件的集合。对于建筑，工作集通常定义了独立的功能区域，例如内部区域、外部区域、场地或停车场。启用工作共享时，可将一个项目分成多个工作集，不同的团队成员负责各自的工作集。

工作共享（worksharing）：允许多名团队成员同时对同一个项目模型进行处理的设计方法。其特点是协同性更强，工作组成员可通过"与中心文件同步"操作来更新整个项目的设计信息；同时可通过"借用图元"向其他成员发送修改请求，便于沟通和配合。

中心文件（central file）：工作共享项目的主项目模型。中心模型将存储项目中所有图元的当前所有权信息，并充当发布到该文件的所有修改内容的分发点。所有用户将保存各自的中心模型本地副本，在本地进行工作，然后与中心模型进行同步，以便其他用户可以看到他们的工作成果。

使用工作共享方法进行设计的核心过程为：先创建一个中心文件，中心文件保存了项目中所有工作集和图元的所有权信息，然后工作组的成员通过保存、编辑各自的中心文件副本后与中心文件同步，将各自的更改信息传递给中心文件，同时从中心文件获取更新后的信息。中心文件根据项目的规模情况确定，可包含机电安装所有专业设计内容的中心文件，也可以创建某几个特定设计内容的中心文件。

【注意】　开始工作共享前确保工作组所有成员使用相同版本的 Revit 软件，项目最开始就需要讨论项目需要多少工作集，以及工作集和项目工程师如何匹配，原则是一个工程师可以管理多个工作集，但是一个工作集尽量不要被多个工程师管理。同时，建议由一个工程师为整个项目创建所有工作集，从而保证工作集的命名规则、管理规则得到顺利执行。

9.2.1　启用和设置工作集

(1) 创建中心文件（启用工作集）

① 先链接其他专业的模型。按"9.1.1 链接 Revit 模型"中介绍的方法，将相关中

心文件链接到项目样板文件中，完成基本的设置。

② 在该文件中，单击功能区中"协作"→"工作集"（图 9-22），或单击状态栏中"工作集"按钮（图 9-23），打开"工作共享"对话框（图 9-24），显示默认的用户创建的工作集（"共享标高和轴网"和"工作集 1"）。如果需要，可以重命名工作集。单击"确定"后，将显示"工作集"对话框。

图 9-22 单击功能区中"工作集"

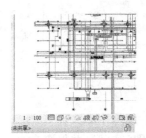

图 9-23 单击状态栏中"工作集"

图 9-24 打开"工作共享"对话框

③ 在"工作集"对话框中，单击"确定"，先不创建任何新工作集。

④ 单击"应用程序菜单"  按钮→"另存为"→"项目"，打开"另存为"对话框，见图 9-25。

⑤ 在"另存为"对话框中，指定中心文件的文件名和目录位置，把该文件保存在各专业设计人员都能读写的服务器上。单击"选项"按钮，打开"文件保存选项"对话框（图 9-26），勾选"保存后将此作为中心模型"。

【注意】 如果是启用工作共享后首次进行保存，则此选项在默认情况下是勾选的，并且无法进行修改。

图 9-25 "另存为"对话框

图 9-26 "文件保存选项"对话框

图 9-27 "文件保存选项"中
的"打开默认工作集"

⑥ 在"文件保存选项"对话框中，设置在本地打开中心文件对应的工作集默认设置，如图 9-27 所示，在"打开默认工作集"列表中，选择下列内容之一。

· 全部：打开中心文件中的所有工作集。

· 可编辑：打开所有可编辑的工作集。

· 上次查看的：根据 Revit 上一个任务中打开的工作集，仅打开上次任务中打开的工作集，如果是首次打开该文件，则将打开所有工作集。

· 指定：打开指定的工作集。

⑦ 单击"确定"，在"另存为"对话框中，单击"保存"。

(2) 编辑中心文件

启用工作共享并保存为中心文件后，要再次编辑中心文件，可直接双击该文件，打开中心文件。如果使用"应用程序菜单"的 ![按钮] 按钮→"打开"→"项目"，打开服务器上的中心文件，则应取消勾选"创建新本地文件"选项，见图 9-28。

图 9-28　编辑中心文件

保存中心文件的方法和保存一般文件的方法不同。"保存"命令不可用，见图9-29。可采用如下 2 种方法保存中心文件：一是关闭当前文件，在弹出的"保存文件"对话框中选择"是"以保存中心文件；二是使用"另存为"，在"文件保存选项"中，选择"保存后将此作为中心模型"选项，见图 9-30。

(3) 设置工作集

工作集是指图元的集合（例如灯具、风口、设备等）。在给定时间内，当一个用户在成为某工作集的所有者后，其他工作组成员仅可查看该工作集和向工作集中添加新图元，若要修改该工作集中的图元，需向该工作集所有者借用图元的修改权限。在启用工作共享时，可将一个项目分成多个工作集，不同的工作组成员负责各自所拥有的工作集。

图 9-29　"保存"命令不可用

图 9-30   选择"保存后将此作为中心模型"

① 默认工作集   启用工作共享后，将会创建几个默认的工作集，可通过勾选"工作集"对话框下方的"显示"选项控制工作集在名称列表中的显示情况（图 9-31），有4个"显示"选项。

用户创建：启功工作共享时，默认会创建2个"用户创建"的工作集。一是"共享标高和轴网"，它包含所有现有标高、轴网和参照平面，可以通过重命名按钮重命名该工作集；二是"工作集1"，它包含项目中所有现有的模型图元。创建工作集时，可将"工作集1"中的图元重新指定给相应的工作集。可以对该工作集进行重命名，但一定不可将其删除。

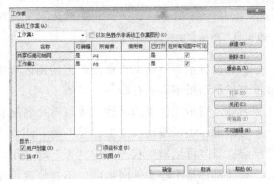

图 9-31   "工作集"对话框

项目标准：包含为项目定义的所有项目范围内的设置（例如管道类型和风管尺寸等），不能重命名或删除。

族：项目中载入的每个族都被指定给各个工作集，不可重命名或删除该工作集。

视图：包含所有项目视图工作集。视图工作集包含视图属性和任何视图特有的图元，例如注释、尺寸标注或文字注释等。如果向某个视图添加视图专有图元，这些图元将自动添加到相应的视图工作集中。不能使某个视图工作集成为活动工作集，但是可以修改它的编辑状态，这样就可修改视图特有图元。

② 创建工作集   除了默认的工作集，在项目开始时和项目设计过程中可以根据需要新建一些工作集。对工作集的设置要考虑到项目的大小，通常一起编辑的图元应处于一个工作集中。工作集还应根据工作组成员的任务来区分，如暖通专业的风口跟电气专业的灯在天花布置上会有协调工作，那么用户可以新建"暖通风口"和"电气灯具"两个工作集，同时设置这两个工作集的所有权和可见性。

单击功能区中"协作"→"工作集"，或单击状态栏中"工作集"按钮，打开"工作集"对话框，单击右侧"新建"按钮输入工作集的名称，单击"确定"，如图 9-32 所

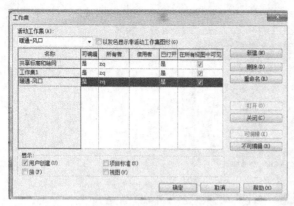

图 9-32 "工作集"对话框中的"新建"

示,建立"暖通-风口"工作集,然后对该工作集进行设置,对话框中部分选项的意义如下。

活动工作集表示要向其中添加新图元的工作集,在当前活动工作集中添加的图元即会成为该工作集所属图元。活动工作集是一个由当前用户编辑的工作集或者是其他小组成员所拥有的工作集,用户可向不属于自己的工作集添加图元,该活动工作集名称也显示在"协作"选项卡的"工作集"面板上,如图 9-33、图 9-34 所示。

图 9-33 添加新图元的工作集

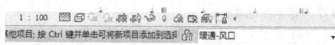

图 9-34 "工作集"面板

以灰色显示非活动工作集图形:绘图区域中不属于活动工作集的所有图元将以灰色显示,显示结果不影响打印。

名称:指示工作集的名称。可以重命名所有用户创建的工作集。

可编辑:当可编辑状态为"是"时,用户占有这个工作集,将具有对它做任意修改的权限;当"可编辑"状态改成"否"时,用户就不能修改当前项目文件上的这个工作集。要注意在与中心文件同步前,不能修改可编辑状态。

所有者:当"可编辑"栏为"是"时,所有者栏内显示的是占有此工作集的用户名。当"可编辑"栏改成"否"时,"所有者"将显示空白,表明工作集未被任何用户占用。

借用者:显示从当前工作集借用图元的用户名。

已打开:指示工作集是处于打开状态(是)还是处于关闭状态(否)。打开的工作集中的图元在项目中可见,关闭的工作集中的图元不可见。该操作仅影响本地文件。

在所有视图中可见:设置工作集是否显示在模型的所有视图中。勾选该选项,则打开的工作集在所有视图中可见,取消勾选则不可见。该操作将同步到中心文件。

完成工作集创建后,单击"确定"关闭"工作集"对话框。

9.2.2 创建文件

创建中心文件后,机电各专业的设计人员可在服务器上打开中心文件并另存到自己本地硬盘上,然后在创建的本地文件上工作。有以下 2 种方法创建本地文件。

(1)从"打开"对话框中创建本地文件

单击"应用程序菜单" ![按钮] →"打开"→"项目",定位到服务器上的中心文件。

勾选"新建本地文件",单击"打开"(见图9-35),注意单击"打开"前可通过单击旁边的下拉按钮,选择需要打开的工作集。软件会自动把本地文件保存到"C:\Users\用户名\Documents"里。用户也可以单击"应用程序菜单"  按钮在"选项"中修改保存位置,即在"文件位置"选项卡中修改"用户文件默认路径",自定义文件的保存位置,见图9-36。

图 9-35　勾选"新建本地文件"

图 9-36　自定义文件的保存位置

(2) 使用"打开中心文件"创建本地文件

打开服务器上的中心文件后,单击"应用程序菜单" 按钮的"另存为",在"另存为"对话框中定位到本地网络或硬盘驱动器上所需的位置,输入文件的名称,然后单击"保存"。

9.2.3　编辑文件

在本地文件中,可以编辑单个图元,也可以编辑整个工作集。要编辑某个图元或工作集,需确保它们与中心文件同步更新到最新。如果试图编辑不是最新的图元或工作集,则将提示重新载入最新工作集。在对图元所属的工作集不具备所有权的情况下,当要编辑该图元时,需向所有者借用该图元。借用过程是自动的,除非其他用户正在编辑该图元或正在编辑该图元所属的工作集。如果发生这种情况,可提交借用图元的请求,待请求被批准后,就可编辑该图元。

9.2.3.1　使用工作集

在编辑本地文件时,需要指定一个活动工作集。在"协作"选项卡的"工作集"面板上的状态栏上,从"活动工作集"下拉列表中选择工作集。添加到项目中的图元都将包含在当前选择的活动工作集中。下面介绍工作集的一些基本操作。

(1) 打开工作集

打开本地文件时,可以选择要打开的工作集。首次打开本地文件时,从"打开"对话框中打开工作集。单击"应用程序菜单" 按钮→"打开"→"项目",定位到本地文件（图9-37），单击"打开"旁边的下拉按钮，选择要打开的工作集，单击"打开"。

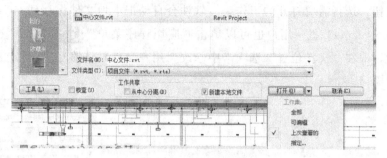

图 9-37 打开工作集

打开本地文件后，单击功能区中"协作"→"工作集"，或单击状态栏中"工作集"按钮，打开"工作集"对话框，如图9-38所示，选择工作集，在"已打开"下单击"是"，单击"确定"关闭对话框。关闭的工作集将在项目中不可见，这样可以提高性能和操作速度。

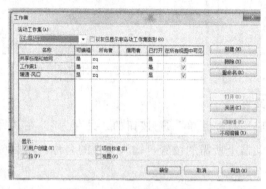

图 9-38 "工作集"对话框

（2）使工作集可编辑

项目组成员在本地文件中可以先根据设计任务占用一些工作集，使其他组成员不能对自己所属工作集中的图元进行直接修改。占用工作集即"使工作集在本地文件中可编辑"，其操作方法有以下几种。

① 在"工作集"对话框中，选择工作集，在"可编辑"下单击"是"，或者单击右侧的"可编辑"与"不可编辑"按钮。单击"确定"关闭对话框。

② 单击绘图区域中的某图元，右击鼠标。单击快捷菜单中"使工作集可编辑"，使该图元所在工作集可编辑。

③ 在项目浏览器中，单击某个视图，右击鼠标，单击快捷菜单中"使工作集可编辑"，使该视图工作集可编辑。该方法也适用于项目浏览器中的族和图纸。

（3）工作集显示设置

① 可见性/图形替换设置 在"工作集"对话框中可以通过"已打开"和"在所有视图中可见"设置工作集的可见性。如果仅想在特定的视图中显示和隐藏工作集，可以在"可见性/图形替换"对话框中设置。其操作方法如下。

如图9-39所示，在某一视图中，单击功能区中"视图""可见性/图形"，或直接键入"VG"或"VV"，打开该视图的"可见性/图形替换"对话框，见图9-40。

单击"工作集"选项卡，在"可见性设置"列表中设置工作集的可见性。"使用全局设置"即应用在"工作集"对话框中定义的工作集的"在所有视图中可见"设置。选择"显示"或"隐藏"可以显示或隐藏工作集，此时与"在所有视图中可见"的全局设置无关。

图 9-39 打开"可见性/图形替换"对话框

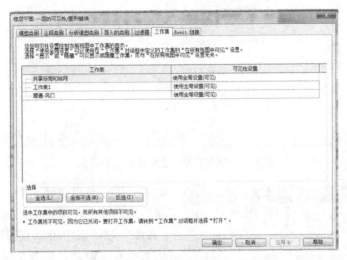

图 9-40 "可见性/图形替换"对话框

② 过滤不可编辑图元 在绘图区域中选择图元时,可以过滤任何不可编辑的图元。单击功能区,然后在状态栏上勾选"仅可编辑项",见图 9-41。这样在绘图区域只有可编辑的项可以被选中,默认情况下并没有勾选此选项。

图 9-41 勾选"仅可编辑项"

③ 链接模型的工作集显示设置 项目中链接模型的工作集的可见性可通过以下方法控制:在打开的"可见性/图形替换"对话框中,选择"Revit 链接"选项卡,单击"显示设置"下的"按主体视图",打开"RVT 链接显示设置"对话框,见图 9-42。

按主体视图:如果链接模型中的某个工作集与主体模型中的工作集同名,则根据对应主体工作集的设置来显示该链接工作集。如果主体模型中没有对应的工作集,则链接工作集会显示在主体视图中。

按链接视图:在链接视图中可见的工作集也将显示在主体模型的视图中。

自定义:在该列表中,选择链接模型的工作集,以使其在主体模型的视图中可见。

(4) 载入最新工作集

为了及时将其他工作组成员的修改更新到本地文件中,可以单击功能区中"协作"→"重新载入最新工作集",见图 9-43。此操作不会将本地修改发布至中心文件。

9.2.3.2 向工作集中添加图元

选择一个活动工作集后,可以向绘图区域中添加图元,添加的图元即成为该工作集

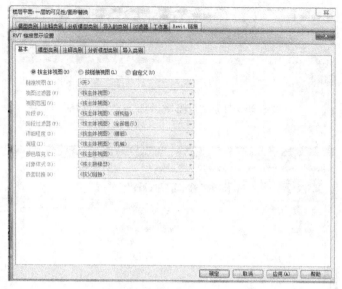

图 9-42 "RVT 链接显示设置"对话框

图 9-43 "重新载入最新工作集"选项卡

的图元，也可以选择一个不可编辑的工作集添加图元。单击绘图区域中的图元，在"属性"对话框中可以查看其所属工作集的名称和编辑者，见图 9-44。如果要将图元重新指定给其他工作集，单击"属性"对话框中的"工作集"参数，在其值列表中选择一个新工作集，然后单击"应用"，见图 9-45。

图 9-44 "属性"对话框

图 9-45 将图元重新指定给其他工作集

9.2.3.3　工作共享显示模式

(1) 工作共享显示设置

视图控制栏中有"工作共享显示设置"按钮，如图 9-46 所示。使用工作共享显示模式可以直观地区分工作共享项目图元。注意此按钮只在启用工作共享后出现。可以使用工作共享显示模式来显示以下内容。

检出状态：图元的所有权状态。

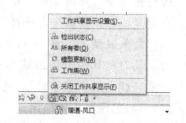

图 9-46 "工作共享显示设置"按钮

所有者：图元的特定所有者。

模型更新：已与中心模型不同步或已从中心模型中删除的图元。

工作集：图元被指定给特定工作集。

单击"工作共享显示设置"，打开"工作共享显示设置"对话框，对以上4项颜色进行设置，见图9-47。

在启用工作共享显示模式后，显示样式中的线框保留为线框，隐藏线保留为隐藏线，所有其他显示样式切换为隐藏线，阴影关闭。当关闭工作共享显示模式时，原先显示样式设置将自动重设。在工作共享显示模式中，可以更改显示样式或重新启用阴影，此时工作共享显示颜色可能无法以预期的方式显示。要取消工作共享显示模式，则单击"关闭工作共享显示"。工作共享显示模式可与"临时隐藏/隔离"一起使用。如果处于两种模式下，工作共享显示模式控制图元的颜色，"临时隐藏/隔离"控制图元的可见性。

图9-47 "工作共享显示设置"对话框

(2) 工作共享信息提示

一旦使用了工作共享显示模式，将鼠标放置在图元上就会显示一个信息提示框，显示该图元的工作集、当前所有者、创建者等信息，见图9-48。

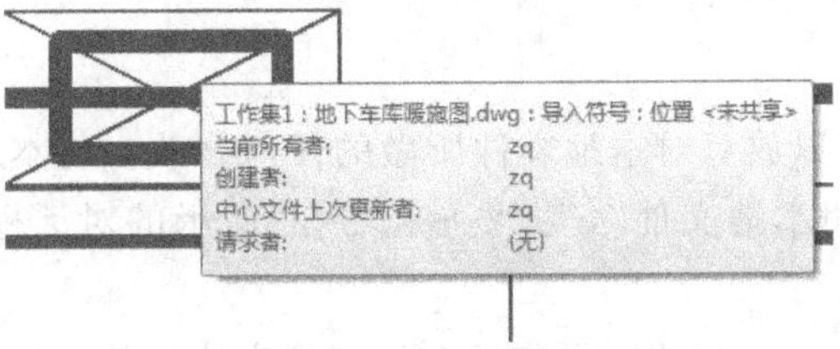

图9-48 信息提示框

(3) 控制工作共享显示更新的频率

可以控制工作共享显示模式和编辑请求在模型视图中更新的频率。单击"应用程序菜单" 按钮→"选项"，在"常规"选项卡中，指定"工作共享更新频率"时间间隔，见图9-49。

9.2.4 文件保存

(1) 保存操作

用户在退出修改过的本地工作共享文件时，会弹出"修改未保存"对话框，询问用户执行何种操作，见图9-50。

① 与中心模型同步 "与中心模型同步"功能可以将本地文件所做的修改保存到中心文件中。同时，自上次与中心文件同步或重新载入最新工作集以来，由其他工作组成员对中心文件所做的修改也将被复制到用户的本地文件。单击"与中心模型同步"后，将显示"与中心文件同步"对话框，见图9-51。

图9-49 "常规"选项卡

该对话框中的各选项意义如下。

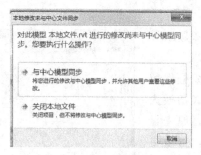

图 9-50 "修改未保存"对话框　　　　　图 9-51 "与中心文件同步"对话框

中心模型位置：确认中心模型位置，根据需要可以重新指定路径。

压缩中心模型：勾选该选项，可减小文件大小，但会增加保存所需的时间。

同步后放弃下列工作集和图元：选中相应的复选框，使其他用户可以编辑修改过的工作集和图元。不选相应的复选框，表示所做的修改与中心文件同步但要保持工作集和图元所有权，默认情况下将放弃任何借用的图元。

与中心文件同步前后均保存本地文件：勾选该选项，以确保本地文件始终与中心文件同步。

选项设置完毕后，单击"确定"。

② 关闭本地文件　"关闭本地文件"可以放弃对本地文件所做的任何修改，将本地文件恢复到上次保存时的状态。单击"关闭本地文件"，将显示图 9-52 所示的对话框，有 2 个操作选项可以使用。

放弃没有修改过的图元和工作集：放弃对借用的图元和拥有的工作集执行的所有修改，让其他用户获得对已修改和没有修改过的图元和工作集的访问权限。

保留对所有图元和工作集的所有权：丢失已执行的修改，但保留对借用的图元和拥有的工作集的所有权。

(2) 放弃全部请求

要放弃对借用图元和所拥有的工作集的所有权，并且不与中心文件同步时，可单击功能区中"协作"→"放弃全部请求"，见图 9-53。

Revit 将检查任何需要与中心文件同步的修改，如果不存在对图元所做的修改，则

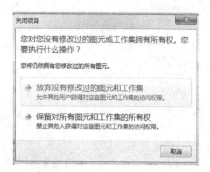

图 9-52 "关闭项目"显示的对话框

图 9-53 放弃全部请求

将放弃对借用的图元和拥有的工作集的所有权。如果有需要保存的修改，则所有权状态不会改变。

(3) 从中心分离文件

对于某些用户只查看修改或只进行修改而不保存时，可用"从中心分离文件"独立打开某个文件。用户可以查看文件并对其进行修改，而不用担心借用图元或拥有图元工作集。拆离后也不能同步其他用户对中心模型所做的编辑。这对于不在项目文件中工作，但需要打开项目文件进行查阅又不妨碍团队工作的人来说是非常有用的。

单击"应用程序菜单" 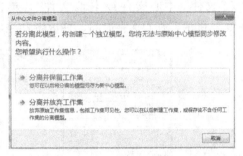 按钮→"打开"→"项目"，找到服务器上的中心文件，勾选"从中心分离"，单击"打开"后，将显示一个"从中心文件分离模型"对话框，见图 9-54。

分离并保留工作集：选择此选项，将保留工作集和所有相关图元的分配和可见性设置，可以将分离的模型另存为新中心文件。

分离并放弃工作集：选择此选项，将放弃工作集和所有相关图元的分配和可见性设置，并且不能恢复。打开文件之后，该文件将不再有任何路径或权限信息。可以修改此文件中的所有图元，但无法将修改保存回中心文件。如果保存此文件，则会将此文件另存为一个新的中心文件。

图 9-54 "从中心文件分离模型"对话框

9.2.5 维护工作共享文件

(1) 维护中心文件

① 核查　如果怀疑中心文件受损或在新版本中升级中心文件时，可以单击"应用程序菜单" 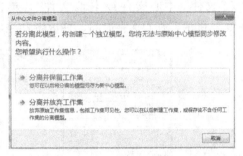 按钮→"打开"→"项目"，在"打开"对话框中勾选"核查"，以扫描、检测并修复项目中损坏的图元。此操作可能比较耗时，但是会预防潜在的风险。保存中心文件后，工作组成员最好以此新的中心文件创建本地文件。

② 移动中心文件　如果要移动或重命名中心文件，应先令所有工作组成员与中心文件同步，放弃所有借用的图元和所拥有的工作集的所有权，并关闭各自的中心文件的本地文件，然后使用 Windows 资源管理器将中心文件及其备份文件夹移动或复制到新位置，此时仅创建了中心文件的备份副本，Revit 仍会在其原来位置查找中心文件。要查看（或修改）该位置，可单击功能区中"协作"→"与中心文件同步"→"同步并修改设置"。为使移动或复制后的文件成为新的中心文件，还需以下操作。

a. 从新位置打开中心文件，将显示一个通知中心文件已经移动的对话框，必须将其重新保存为中心文件，单击"确定"以继续。

b. 单击"应用程序菜单" 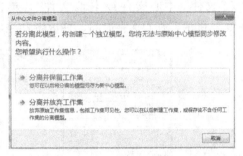 按钮→"另存为"，在"另存为"对话框中单击"选项"，在"文件保存选项"对话框中，选择"保存后将此作为中心文件"，然后单击"确

定"，在"另存为"对话框中，单击"保存"。

c. 每个团队成员需创建一个新的本地文件，将中心文件的旧版本删除或设置使其只读，以防止小组其他成员保存到旧中心文件。

（2）返回工作共享文件

保存工作共享文件时，Revit 将创建备份文件的目录。在该目录中，用户每次保存到中心，或保存中心文件的本地文件时，都会创建备份文件。

通过备份文件可以返回中心文件和本地文件。返回文件时，将丢失备份在目录中以后版本的所有文件，还会丢失相关工作集所有权、借用的图元和工作集可编辑性的所有信息，此时工作组成员必须重新指定工作集及图元所有权。

① 查看历史记录　单击功能区中"协作"→"显示历史记录"，定位到工作共享 RVT 文件（中心文件或本地文件），单击"打开"，打开"历史记录"对话框，如图 9-55 所示，查看保存时间、修改者和注释，并可以单击导出将历史记录导出。

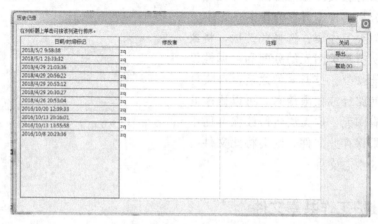

图 9-55　"历史记录"对话框

② 恢复备份　单击功能区中"协作"→"恢复备份"，定位到工作共享文件的"backup 文件夹"，单击"打开"，"项备份版本"对话框被打开。要返回某一版本的备份文件，单击"返回到"，一旦返回备份文件后无法撤销，晚于所选备份版本的所有备份文件（包括当前版本）将会消失。要将某个版本的备份文件另存为新文件，单击"另存为"，指定保存路径。若希望此文件变成新的中心文件，必须将其保存为中心文件。

9.2.6　Revit 服务器

在上述文件工作共享中，工作共享项目的中心模型存储在单个 RVT 文件中。当团队在局域网（LAN）中工作时，工作共享可以满足协同工作需求，实现较快的同步速度。而在广域网（WAN）内，如果在两个地区的办公地点的团队成员要进行协作，可利用"Revit 服务器"工具将工作共享项目的中心模型存储在服务器上，以提高同步速度。

（1）安装和配置 Revit 服务器

在打开软件安装程序后，在安装界面中单击"安装工具和使用程序"，选择安装

"Revit Server"。具体安装和配置步骤可访问"Autodesk Wiki Help"中的"Revit Server 安装手册"。

系统管理员必须首先指定本地服务器要连接的中心服务器，然后才能连接该本地 Revit 服务器；1 台本地服务器只能连接 1 台中心服务器。

(2) 连接到本地 Revit 服务器

局域网（LAN）用户必须连接到本地 Revit 服务器，才能开始协同工作。连接到本地 Revit 服务器的方法是：单击功能区中"协作"→"同步"旁的 ▼ 按钮→"连接到 Revit 服务器"，打开"连接到 Revit 服务器"对话框，见图 9-56。在该对话框中输入服务器的名称或 IP 地址。单击"连接"，建立有效的连接后，将会显示成功连接状态的图标，且服务器名称将会更新。单击"关闭"，关闭对话框。

图 9-56 "连接到 Revit 服务器"对话框

(3) 在 Revit 服务器上读取和保存模型

连接到 Revit 服务器后，用户就可以在 Revit 服务器上存取模型，并通过它进行项目协同，唯一的区别是访问模型的路径。单击"应用程序菜单" ![按钮] 按钮→"打开"→"项目"，在"打开"对话框中，单击"查找范围"下拉列表并选择目（Revit 服务器），进入"Revit 服务器模型"文件夹后选择模型。

第 10 章
出图与打印

本章要点

图纸设计

图纸编辑

图纸打印

10.1 图纸设计

在 Revit 中,可以快速将不同的视图和明细表放置在同一张图纸中,从而形成施工图,除此之外,Revit 形成的施工图能够导出为 CAD 格式文件,与其他软件实现信息交换。本节主要讲解:在 Revit 项目内创建施工图图纸、图纸修订及版本控制、布置视图及视图设置,以及将 Revit 视图导出为 DWG 文件、导出 CAD 时图层设置等。

10.1.1 创建图纸

在完成模型的创建后,如何才能将所有的模型利用,打印出所需的图纸?此时需要新建施工图图纸,指定图纸使用的标题栏族,以及将所需的视图布置在相应标题栏的图纸中,最终生成项目的施工图纸。

单击"视图"选项卡→"图纸组合"面板→"图纸"工具,弹出"新建图纸"对话框。查找到系统族库,选择所需的标题栏,单击"打开"载入到项目中,如图 10-1 所示。

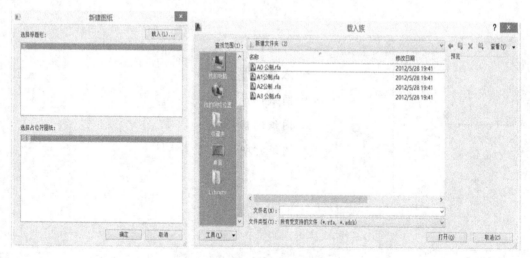

图 10-1 新建图纸

单击选择"A1 公制",单击"确定"按钮,此时绘图区域打开一张新创建的 A1 图纸,如图 10-2 所示。完成图纸创建后,在项目浏览器"图纸"下自动添加了图纸"A101 未命名"。

单击"视图"选项卡→"图纸组合"面板→"视图"工具,弹出"视图"对话框,在视图列表中列出当前项目中所有可用的视图,选择"楼层平面 1F",单击"在图纸中添加视图"按钮,如图 10-3 所示。确认选项栏"在图纸上旋转"选项为"无",当显示视图范围完全位于标题范围内时，放置该视图。

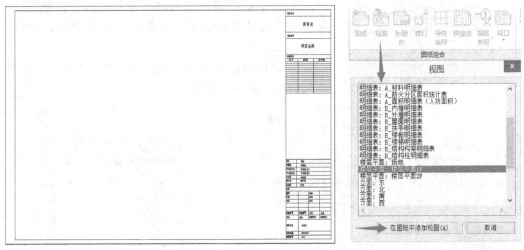

图 10-2　新建的图纸　　　　　　　　图 10-3　"视图"对话框

在图纸中放置的视图称为"视口"，Revit 自动在视图底部添加视口标题，默认以该视图的视图名称来命名该视口，如图 10-4 所示。

图 10-4　视图名称

10.1.2　图纸的列表

① 打开视图选项卡，在"明细表"下拉列表中选择"图纸列表"，见图 10-5。

② 在"图纸列表属性"对话框，选择"字段"中的图纸编号、图纸名称，见图 10-6。

图 10-5　选择"图纸列表"　　　　　　图 10-6　"图纸列表属性"对话框

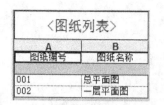

图 10-7 单击"确定"后的显示

③ 单击"确定"后如图 10-7 所示。

④ 如果还想加一些其他的参数，如"图幅"，是需要用户自己来添加项目参数的。单击"项目参数"命令，见图 10-8。

⑤ 在明细表中就会出现"图幅"，将其添加到图纸列表明细表中，见图 10-9。

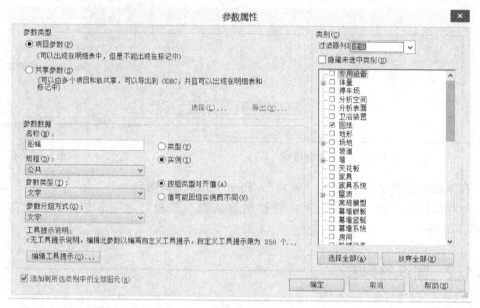

图 10-8 "参数属性"对话框

10.1.3 图纸的标注

当在 Revit 中选择构件图元时，系统会自动捕捉该图元周围的参照图元，显示相应的蓝色尺寸标注，这就是临时尺寸。一般情况下，在进行建筑设计时用户都将使用临时尺寸标注来精确定位图元。

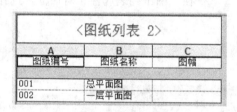

图 10-9 图纸列表明细表

在平面视图中选择任一图元，系统将在该图元周围显示定位尺寸参数，如图 10-10 所示，此时，用户可以单击选择相应的尺寸来修改尺寸参数，对该图元进行重新定位。

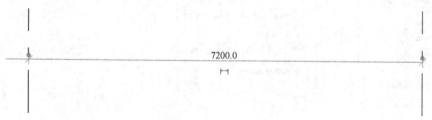

图 10-10 定位尺寸参数

此外，在创建图元或选择图元时，用户还可以为图元的临时尺寸标注添加相应的公式计算，且公式都以等号开始，然后使用常规的数学算法即可，效果如图 10-11 所示。

图 10-11　效果图

10.2　图 纸 编 辑

新建图纸后，图纸上很多的标签、图号、图名等信息以及图纸的样式均需要人工修改，施工图纸需要二次修订等，所以面对这些情况均需要对图纸进行编辑。但对于一家企业而言，可事先订制好本单位的图纸，方便后期快速添加使用，提高工作效率。

10.2.1　属性设置

在添加完图纸后，如果发现图纸尺寸不合要求，可通过选择该图纸，在"属性"框的下拉列表中修改成其他标题栏，如 A1 可替换为 A2。

在"属性"框中修改"图纸名称"为"一层平面图"，则图纸中的"图纸名称"一栏中自动添加"一层平面图"。其他的参数，如"审核者""设计者"与"审图员"等，修改了属性面板相应参数后会自动在图纸中修改。

在选中放置于图纸中的视图，"属性"框中修改为"视口有线条的标题"。修改"图纸上的标题"为"一层平面图"，则图纸视图中视口标题名称同时修改为"一层平面图"，如图 10-12 所示。

10.2.2　图纸修订与版本控制

在项目设计阶段，难免会出现图纸修订的情况。通过 Revit 可记录和追踪各修订的位置、时间、修订执行者等信息，并将所修订的信息发布到图纸上。

单击"视图"选项卡→"图纸组合"面板→"修订"工具，在弹出的"图纸发布/修订"对话

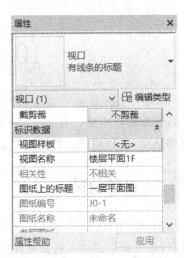

图 10-12　修改"属性"面板相应参数

框中（图10-13），单击右侧的"添加"按钮，可以添加一个新的修订信息。勾选序号1为已发布。

图 10-13　"图纸发布/修订"对话框

　　编号选择"每个项目"，则在项目中添加的"修订编号"是唯一的。而按"每张图纸"则编号会根据当前图纸上的修订顺序自动编号，完成后单击"确定"按钮。

　　打开"F1"楼层平面视图，单击"注释"选项卡→"详图"面板→"云线"工具，切换到"修改创建云线批注草图"上下文选项卡，使用"绘制线"工具，绘制云线批注所选问题范围，完成后勾选"完成编辑"完成云线批注。

　　在"项目浏览器"中打开图纸"A101-未命名"，则在一层平面图中绘制的云线标注同样添加在"A101-未命名"图纸上。

　　打开"图纸发布/修订"对话框，通过调整"显示"属性可以指定各阶段修订是否显示云线或者标记等修订痕迹。在"显示"属性中选择"云线和标记"，则绘制了云线后，会在平面图中显示。

10.3　图 纸 打 印

　　图纸布置完成后，目的是用于出图打印，可直接打印图纸视图，或将制订的视图或图纸导出成CAD格式，用于成果交换。

10.3.1　打印设置

　　单击"打印"（打印设置），或者如果"打印"对话框已打开，可单击"设置"，在"打印设置"对话框中，选择要使用的已保存打印设置（如果有）作为"名称"。在"纸张"下，为"尺寸"和"来源"指定选项。在"方向"下，选择"纵向"或"横向"。

在"页面位置"下指定视图在图纸上的打印位置。如果选择"用户定义"作为"从角部偏移"，要输入"X"和"Y"的偏移值。在"隐藏线视图"下，选择一个选项，以提高在立面、剖面和三维视图中隐藏线视图的打印性能。

矢量处理时间因处理的视图数量和视图复杂性而异。光栅处理时间与视图尺寸标记和图形数量有关。矢量处理生成的打印文件通常要比光栅处理生成的打印文件小得多。在"缩放"下指定是将图纸与页面的大小匹配，还是缩放到原始大小的某个百分比。在"外观"下，为"光栅质量"指定一个值。

此选项控制传送到打印设备的光栅数据的分辨率。质量越高，打印时间越长。选择"颜色"对应的选项。

黑白线条：所有文字、非白色线、填充图案线和边缘以黑色打印。所有的光栅图像和实体填充图案以灰度打印。（该选项对于发布到 DWF 不可用。）

灰度：所有颜色、文字、图像和线以灰度打印。（该选项对于发布到 DWF 不可用。）

颜色：如果打印机支持彩色，则会保留并打印项目中的所有颜色。

在"选项"下，指定其他打印设置。默认情况下用黑色打印视图链接，但是也可以选择用蓝色打印。打印时可以隐藏以下图元：范围框、工作平面、参照平面和裁剪边界。隐藏未参照视图的标记。如果不希望打印出图纸中的剖面、立面和详图索引标记，要选择此选项。区域边缘遮罩重合线。如果希望遮罩区域和填充区域的边缘覆盖与它们重合的线，要选择此选项（此选项仅在"矢量处理"选项处于启用状态时可用）。如果视图以半色调显示某些图元，则可以将半色调图形替换为细线，单击"确定"。

10.3.2　打印预览

使用"打印预览"可在打印之前查看视图或图纸的草图版本。如果打印多个图纸或视图，则不能使用打印预览。要查看打印预览，可单击"打印"（打印预览）。注意如果打印作业较大，状态栏上会显示"取消"按钮。触发此选项所需的文件大小是由系统速度和内存量来决定的，见图 10-14。

10.3.3　打印图纸

单击"应用程序菜单"按钮，在列表中选择"打印"选项，打开"打印"对话框，如图 10-15 所示。在"打印机"列表中选择打印所需的打印机名称。

在"打印范围"栏中可以设置要打印的视图或图纸，如果希望一次性打印多个视图和图纸，选择"所选视图/图纸"选项，单击下方的"选择"按钮，在弹出的"视图/图纸集"中，勾选所需打印的图纸或视图即可，如图 10-16所示。单击确定，回到"打印"对话框。

在"选项"栏中进行打印设置后，即可单击"确定"

图 10-14　打印预览

开始打印。

图 10-15 "打印"对话框

图 10-16 "视图/图纸集"对话框

10.3.4 导出 CAD 格式

Revit 中所有的平、立、剖面、三维图和图纸视图等都可导出成 DWG、DXF、DGN 等 CAD 式图形，方便为使用 CAD 等工具的人员提供数据。虽然 Revit 不支持图层的概念，但可以设置各构件对象导出 DWG 时对应的图层，如图层、线型、颜色等均可自行设置。

单击"应用程序菜单"按钮，在列表中选择"导出"→"CAD 格式"→"DWG"，弹出"DWG 导出"对话框，如图 10-17 所示。

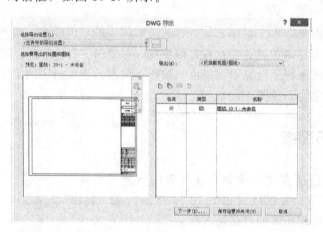
图 10-17 "DWG 导出"对话框

在"选择导出设置"栏中，单击"..."按钮，弹出"修改 DWG/DXF 导出设置"对话框，如图 10-18 所示。在该对话框中可对导出 CAD 时需设置的图层、线型、填充图案、颜色、字体、CAD 版本等进行设置。在"层"选项卡中，可指定各类对象类别以及其子类别的投影、截面图形在 CAD 中显示的图层、颜色 ID。可在"根据标准加载图层"下拉列表中加载图层映射标准文件。Revit 提供了 4 种国际图层映射标准。

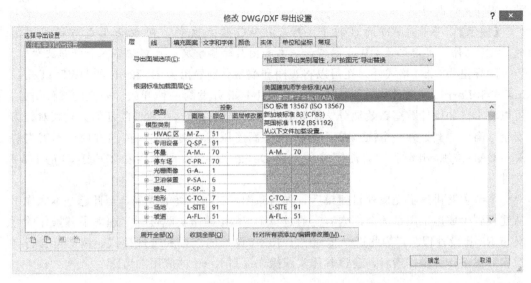

图 10-18　"修改 DWG/DXF 导出设置"对话框

设置完除"层"外的其他选项卡后,单击"确定"完成设置回到"DWG 导出"对话框。单击"下一步"转到"导出 CAD 格式-保存到目标文件夹"中,如图 10-19 所示。制订文件保存位置、文件格式和命名,单击"确定"按钮,即可将所选择的图纸导出成 DWG 数据格式。如果希望导出的文件采用 AutoCAD 外部参照模式,勾选"将图纸上的视图和链接作为外部参照导出",此处不勾选。

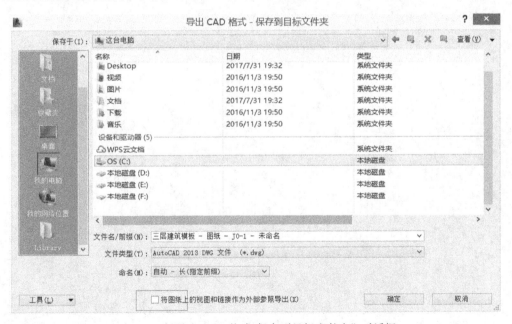

图 10-19　"导出 CAD 格式-保存到目标文件夹"对话框

外部参照模式,除了将每个图纸视图导出为独立的与图纸视图同名的 DWG 文件外,还可单独导出与图纸视图相关的视口为单独的 DWG 文件,并以外部参照文件的方式链接至与图纸视图同名的 DWG 文件中。要打开 DWG 文件,则打开与图纸视图同名的 DWG 文件即可。

【提示】 导出 CAD 的过程中，除了 DWG 格式文件，同步会生成与视图同名的 .PCP文件，用于记录 DWG 图纸的状态和图层转换情况，可用记事本打开该文件。

除导出为 CAD 格式外，还可以将视图和模型分别导出为 2D 和 3D 的 DWF（Drawing Web Format）文件格式。DWF 是由 Autodesk 开发的一种开放、安全的文件格式，可以将丰富的设计数据高效地分给需要查看、评审或打印这些数据的任何人，相对较为安全、高效。其另外一个优点是：DWF 文件高度压缩，文件小，传递方便，不需安装 AutoCAD 或 Revit 软件，只需安装免费的 Design Review 即可查看 2D 或 3D 的 DWF 文件。

本节主要讲述了完成项目建模后，如何布图与打印最终的成果，至此已基本完成了从建模到生成施工图纸的全部内容。通过整个 Revit 操作实践过程，理解了各操作的意义与 Revit 设计理念，为此进一步理解了 Revit 设计的流程和管理模式。读者可自行寻找实际案例作为操作素材，通过具体实践操作提高 Revit 的应用能力。

参 考 文 献

[1] 樊永生. 建筑信息模型的空间拓扑关系提取和分类研究 [D]. 西安：西安建筑科技大学，2013.
[2] 汪军. 基于 BIM 的 MEP 方案可施工性论证与优化研究 [D]. 重庆：重庆大学，2014.
[3] 何愉舟. BIM 与价值工程在房地产项目管理中的应用 [J]. 中国房地产，2013，18：61-66.
[4] 杨德磊. 国外 BIM 应用现状综述 [J]. 土木建筑工程信息技术，2013，06：89-94，100.
[5] 贺灵童. BIM 在全球的应用现状 [J]. 工程质量，2013，03：12-19.
[6] 刘占省，赵明，徐瑞龙. BIM 技术在我国的研发及工程应用 [J]. 建筑技术，2013，10：893-897.
[7] 住房和城乡建设部. "十二五" 建筑业信息化发展纲要. 建质〔2011〕67 号，2011.
[8] 上海市人民政府办公厅. 关于在本市推进建筑信息模型技术应用指导意见的通知 [沪府办发（2014）58 号]
     [Z]. 2014.
[9] 广东省住房和城乡建设厅. 关于开展建筑信息模型 BIM 技术推广应用工作的通知 [Z]. 2014.
[10] 宋勇刚. BIM 在项目设计阶段的应用研究 [D]. 大连：大连理工大学，2014.
[11] 郑思龙. 基于 BIM 的城市综合管廊工程协同设计应用研究 [D]. 西安：西安理工大学，2017.
[12] 徐伟，刘元东. BIM 协同设计在设计准备阶段的应用研究 [J]. 价值工程，2015，34（33）：74-76.
[13] 李甜. BIM 协同设计在某建筑设计项目中的应用研究 [D]. 成都：西南交通大学，2013.